职业教育物联网应用技术专业改革创新教材

物联网应用综合实训

主　编　陈逸怀　陈　锐
副主编　潘成峰　王恒心　徐衙迪　周海兵
参　编　张宏亮　李　江　徐彬彬　杨光炜　林晓东

机械工业出版社

本书的设计充分体现了"边学边做"的教学理念，选取的内容均具有较强的实际应用性，通过项目式设计来培养学生的学习兴趣，提高学习者的实践能力，借助大量硬件、软件的实操来深刻体验、掌握物联网技术及其应用。本书以任务实施为主线，注重实践性，在任务实施过程中插入与之相关联的知识，使理论知识和实践操作紧密结合，每个任务后的知识提炼能够帮助学习者对所学内容进行归纳总结，通过能力拓展模块来拓展学习者的知识面，提升学习者的创新意识和创新能力。通过学习，读者可以将所学的理论知识与实际需求结合起来，做到学以致用。

全书通过9个项目、27个子任务让学习者体验物联网智慧社区关键技术设备，深化学习者对智慧社区和物联网的认知，引发其学习兴趣，为后续学习、工作打好基础。

本书配有电子课件和源代码，选用本书作为教材的教师可登录机械工业出版社教育服务网（www.cmpedu.com）免费注册下载或联系编辑（010-88379194）索取。

图书在版编目（CIP）数据

物联网应用综合实训 / 陈逸怀，陈锐主编．—北京：
机械工业出版社，2019.5（2024.8重印）
职业教育物联网应用技术专业改革创新教材
ISBN 978-7-111-62478-3

Ⅰ．①物…　Ⅱ．①陈…　②陈…　Ⅲ．①互联网络—应
用—中等专业学校—教材　②智能技术—应用—中等专业学
校—教材　Ⅳ．①TP393.4　②TP18

中国版本图书馆CIP数据核字（2019）第068074号

机械工业出版社（北京市百万庄大街22号　邮政编码100037）
策划编辑：李绍坤　梁　伟　　责任编辑：梁　伟　李绍坤
责任校对：马立婷　　　　　　封面设计：鞠　杨
责任印制：张　博
北京建宏印刷有限公司印刷
2024年8月第1版第6次印刷
184mm×260mm·12.5印张·310千字
标准书号：ISBN 978-7-111-62478-3
定价：42.00元

电话服务　　　　　　　　　　　网络服务
客服电话：010-88361066　　　　机　工　官　网：www.cmpbook.com
　　　　　010-88379833　　　　机　工　官　博：weibo.com/cmp1952
　　　　　010-68326294　　　　金　书　网：www.golden-book.com
封底无防伪标均为盗版　　　　机工教育服务网：www.cmpedu.com

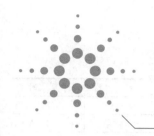

物联网技术是新兴的信息技术，随着IoT系统物联网应用建议的提出，物联网迈入了规范化指导发展阶段，物联网的应用逐渐扩展到社区、医护、家居、农业、物流等领域和行业，大大加强了人与物之间的互联。物联网将是下一个推动世界高速发展的"重要生产力"，是继通信网之后的另一个万亿级市场。如果说互联网是解决最后1km的问题，那物联网其实需要解决的是最后100m的问题，在最后100m可连接设备的密度远远超过最后1km，特别是在家庭中。家庭物联网应用（即人们常说的智能家居）已经成为各国物联网企业全力抢占的制高点。作为目前全球公认的最后100m主要技术解决方案，ZigBee得到了全球主要国家前所未有的关注。由于这种技术相比于现有的Wi-Fi、蓝牙、433M/315M等无线技术更加安全、可靠，同时由于其组网能力强、具备网络自愈能力并且功耗更低，ZigBee的这些特点与物联网的发展要求非常贴近，目前已经成为全球公认的最后100m的最佳技术解决方案之一。

➤ 本书内容

全书共有9个项目和1个附录，每个项目均设置了多个任务。项目一智慧社区项目概述主要通过智能家居系统、社区安全防范系统、小区物业管理系统3个调研任务，加深了解智慧社区项目；项目二智慧社区项目设计主要通过需求分析设计出智慧社区的各种功能，包括环境监测功能、安防功能和智慧商超；项目三感知层设备布局、安装与调试，主要是手把手教会读者安装设备，并根据接线图逐步连接设备线路，逐个调试设备；项目四网络传输层连接与配置，主要通过无线路由器建立配置本地无线局域网，设置各终端如摄像头、串口服务器、ZigBee等的相关参数；项目五应用层系统部署与配置，主要介绍智慧社区服务端展示软件、物业端、移动互联终端（实验箱）的相关功能，并演示智慧社区服务端的安装部署、智慧社区PC端（物业端）软件安装配置、PDA端运行环境部署、智慧社区手机端程序的安装配置等内容；项目六应用系统使用与维护，主要介绍智慧社区、智慧商超、智慧医疗等应用系统的使用与维护，了解环境监测模块、智能路灯模块、智能安防模块、公共广播、费用管理等使用方法；项目七.NET开发，主要介绍Microsoft Visual Studio和C#编程语言的使用方法，了解串口通信原理，编写串口通信程序来获取传感器数据和控制风扇开关；项目八Android应用开发，主要介绍Android项目的开发流程，演示JDK安装和环境变量的配置、ADT安装和环境变量的配置、jar包的导入、事件代码的补充与函数调用；项目九ZigBee开发，主要讲解ZigBee短距离无线通信模块的开发应用入门知识，教会读者如何操作使用编程开发软件、编程下载软件、ZigBee实验板并编写基本的单片机C语言程序。附录则列出读者在学习过程中可能出现的各类错误，并提供相应的解决方法。

➤ 教学建议

建议教师在互联网环境下开展教学活动，注重项目里的任务实施，以引导、指导为主，让读者作为教学主体，要有互动、答疑环节。教学参考学时数为72（见下表），最终学时数的安排，任课教师可根据教学计划、教学对象、教学手段的选择自行调整。

项 目 名 称	任 务 名 称	学 时
项目一：智慧社区项目概述	任务一：智能家居系统	2
	任务二：社区安全防范系统	2
	任务三：小区物业管理系统	2
项目二：智慧社区项目设计	任务一：环境监控功能设计	2
	任务二：安防功能设计	2
	任务三：智慧商业功能	2
项目三：感知层设备布局、安装与调试	任务一：设备选型和认识	2
	任务二：感知层设备布局	3
	任务三：感知层设备布线安装与调试	3
项目四：网络传输层连接与配置	任务一：设置无线局域网	2
	任务二：配置网络摄像头	2
	任务三：搭建串口服务器	3
	任务四：烧写ZigBee组网配置	4
项目五：应用层系统部署与配置	任务一：智慧社区服务端及展示软件开发与部署	4
	任务二：智慧社区物业端软件开发与部署	2
	任务三：智慧社区业主端软件开发与部署	3
项目六：应用系统使用与维护	任务一：智慧社区	2
	任务二：智慧商超	2
	任务三：智慧医疗	2
项目七：.NET开发	任务一：获取温度传感器数据	2
	任务二：控制风扇	3
	任务三：使用温度传感器控制风扇	3
项目八：Android应用开发	任务一：路灯控制模块开发	4
	任务二：风扇控制模块开发	4
	任务三：烟雾火焰报警模块开发	4
项目九：ZigBee开发	任务一：开发软件和下载软件的安装	2
	任务二：发光二极管闪烁	4

➤ 编者与致谢

本书由陈逸怀、陈锐任主编，潘成峰、王恒心、徐衔迪、周海兵任副主编，张宏亮、李江、徐彬彬、杨光炜、林晓东参与了本书的编写工作。

由于编者水平有限，书中难免存在错误或疏漏之处，敬请广大读者批评指正。

编　者

CONTENTS 目录

目录 CONTENTS

CONTENTS 目录

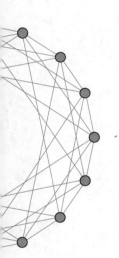

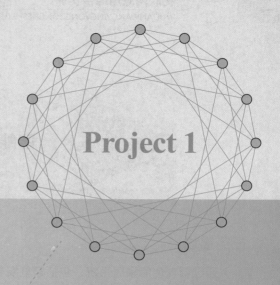

Project 1

项目一

智慧社区项目概述

项目概述

　　智慧社区是社区管理的一种新理念，是信息时代的必然产物，它随着计算机技术、现代通信技术、自动控制技术、图形显示技术的飞速发展以及智慧城市概念的提出而产生，是新形势下社会管理创新的一种新模式。智慧社区是智慧城市的基本组成部分，智慧社区建设将"智慧城市"的概念引入社区，以社区群众的幸福感为出发点，通过打造智慧社区为社区百姓提供便利，构建和谐社区，推动区域社会进步。基于物联网、云计算等高新技术的"智慧社区"是"智慧城市"的一个"细胞"，它将是一个以人为本的智能管理系统。

　　智慧社区包含智能家居系统、安全防范系统和智能管理系统3个层次。其中，智能家居系统包括安防报警、远程控制、环境监测、社区服务、网络通信、家电控制等；安全防范系统包括家庭防盗报警系统（住户联网报警系统）、楼宇对讲系统、周界防盗报警系统、视频监控系统、电子巡更系统、门禁系统等；智能管理系统包括远程抄表计费系统、停车场管理系统、IC卡管理系统、消防系统、紧急广播与背景音乐系统、电子公告系统等。

学习目标

1）了解智慧社区发展现状；
2）理解智慧社区的需求分析和现有产品；
3）掌握智慧社区的概念、组成及特点。

任务一　智能家居系统

任务描述

通过调查智能家居系统，包括家庭安全防范系统、智能照明控制系统、环境控制系统等，进而了解系统内物联网设备的安装与使用情况。

任务实施

调查某一具体的智能家居系统，了解系统内各设备设施的安装和使用情况。

1. 家庭安全防范系统

家庭安全防范系统具备传统的电子报警系统的全部功能，而又有独特之处，它能进行智能化的判断和处理，在发出警报的同时可以采取相应的措施。例如：深夜有非法入侵时，照明系统将自动打开或闪烁——匪警；老人急需帮助时可以按下紧急按钮，家人可以及时赶到——紧急求救；煤气泄漏时能够关断煤气阀门——火警。系统还具有视频联动的功能，可以对入侵、火灾、煤气泄漏等情况做出视频聚焦和图像抓拍，进而为事故处理提供影像依据。如果在主人外出时出现警情，系统还会拨通主人的电话或者向主人发送手机短信，主人可以通过系统进行远程控制采取措施，如关闭有危险的电器、切断电源等。

2. 智能照明控制系统

普通意义的照明控制是靠简单的开关控制来实现的，即每个电灯都有一至两个普通开关，要想打开某个电灯，只能走到开关所在位置将其打开，想要关闭这个电灯，必须走到这个灯的开关处才能将其关闭。如果您在临睡前发现客厅的电灯忘记关了，您必须得从卧室走到客厅找到开关，关了灯再走回来。如果您住的是跃层或别墅，遇到类似问题时，那麻烦就可想而知了。智能照明控制系统让您在家里的任何地方都可以将某个灯打开或关闭，也可以在一个地方控制家中任何一个甚至所有的电灯，而不用跑来跑去。通过智能照明系统，您可以通过遥控器"一键"遥控所有的电灯，而且照明灯在开关时亮度会慢慢变化，以防刺激眼睛，还可以进行调光，用来制造不同场景氛围。

3. 环境控制系统

智能家居系统可以实现网络空调控制、电动窗帘控制、排气扇智能控制，通过智能化的控制策略，可以提供稳定、舒适的空气环境和感光环境。当您快要到家时，智能家居系统可以提前为您打开排气扇，给您清新的空气；并且根据环境温度、空气湿度自动调节空调系统；当您打开家门时，欢迎场景自动启动，给您最典雅的舒适享受。环境控制系统同时还可以感知外部环境的变化，对设备进行节能控制。

知识补充

智能家居是利用先进的计算机技术、网络通信技术、综合布线技术，依照人体工程学原理，融合个性需求，将与家居生活有关的各个子系统如安防、灯光控制、窗帘控制、煤气阀控制、信息家电、场景联动、地板采暖等有机地结合在一起，通过网络化综合智能控制和管理，实现"以人为本"的全新家居生活体验。例如：通过触摸屏、无线遥控器、电话、互联网或者语音识别控制家用设备，更可以执行场景操作，使多个设备形成联动，同时智能家居系统内的各种设备相互间可以通信，不需要用户指挥也能根据不同的状态互动运行，从而给用户带来最大程度的高效、便利、舒适与安全。

能力拓展

调查学习物联网的9大应用场景。

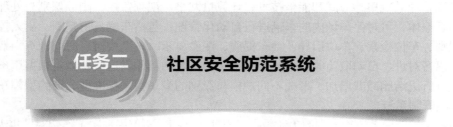

任务二　社区安全防范系统

任务描述

实地调查某一社区的物业安全防范系统，包括楼宇对讲系统、视频监控系统、停车场管理系统、周界报警系统、电子巡更系统、门禁管理系统等，更加直观、深入地了解社区安全防范系统。

任务实施

调查当地某一社区的安全防范系统，了解相关子系统的应用功能及技术。

1. 楼宇对讲系统

随着居民住宅的不断增多，小区的物业管理日趋重要，其中访客登记及值班看门的管理方法已不适合现代社区管理快捷、方便、安全的需求。楼宇对讲系统由各单元门口安装的单元门口机、防盗门，小区总控中心的物业管理总机组成，楼宇出入口的对讲主机、电控锁、闭门器及用户家中的可视对讲分机通过专用网络组成。访客可在各单元楼道门口通过对讲机呼叫住户，住户可与访客实时通话确认身份，若同意访客进入则遥控开启防盗门，若不同意则可拒绝请求，从而能有效限制可疑人员进入。同时，若住户在家发生突发事件，可通过该系统通知物业保安人员，以得到及时的支援和处理。

2. 视频监控系统

为了更好地保护小区居民人身及财产安全，根据小区用户实际的监控需要，一般都会在小

项目一
项目二
项目三
项目四
项目五
项目六
项目七
项目八
项目九
附录

区周边、大门口、住宅单元门口、物业管理中心、机房、地下停车场、电梯内等重点区域安装摄像机。视频监控系统将视频图像监控、实时监视、多画面分割显示、云台镜头控制、打印等功能有机结合，同时监控主机可自动记录报警画面，能有效地保护小区财产和人员的安全，最大程度地防范各种入侵，提高保卫人员处理各种突发事件的反应速度和工作效率，给保卫人员提供一个良好的工作环境，确保整个小区的安全。

视频监控系统的功能特点包括：可加强小区周边围墙防范；实时现场监控，便于管理；事后取证功能；减轻保安人员工作强度；提升小区形象档次；对潜在犯罪分子的威慑作用。

3. 停车场管理系统

停车场管理系统是指基于现代化电子与信息技术，在小区的出入口处安装自动识别装置，通过非接触式卡或车牌识别，来对出入此区域的车辆实施判断识别、准入/拒绝、引导、记录、收费、放行等智能管理，其目的是有效控制车辆的出入，记录所有详细资料并自动计算收费额度，实现对场内车辆与收费的安全管理。

停车场管理系统集感应式智能卡技术、计算机网络、视频监控、图像识别与处理及自动控制技术于一体，可对停车场内的车辆进行自动化管理，包括车辆身份判断、出入控制、车牌自动识别、车位检索、车位引导、会车提醒、图像显示、车型校对、时间计算、费用收取及核查、语音对讲、自动取（收）卡等系列科学、有效的操作。这些功能可根据用户需要和现场实际进行灵活删减或增加，形成不同规模与级别的豪华型、标准型、节约型停车场管理系统和车辆管制系统。

智能停车场管理系统给人们的生活带来了方便和快捷，不仅提高了工作效率，也大大节约了人力物力，降低了公司的运营成本，并且更加安全可靠。

4. 周界报警系统

随着现代科学技术的发展，周界报警系统成了智能小区必不可少的一部分，是小区安全的第一道防线。在小区周边的非出入口和围栏处安装红外对射装置，组成不留死角的防非法跨越报警系统，可有效保障住户的财产及人身安全，迅速而有效地制止和处理突发事件。一旦有人非法闯入，遮断红外射束，周界报警系统就会立即产生报警信号传到小区管理中心，并可通过与小区视频监控系统的联动，自动将现场的摄像机对准报警信号现场，同时在监控中心的显示屏上弹出现场画面，对现场所发生的事情进行录像存储。本系统功能包括：对小区周边围墙区域进行监控；对试图非法翻越围墙或栅栏进入小区的行为以及位置进行探测；当有人非法翻越时，向小区物业管理中心报警，并启动联动设备。

5. 电子巡更系统

随着社会的进步与发展，各行各业的管理工作趋向规范化、科学化、智能化。住宅小区的安全防范是物业管理中一项至关重要的工作，小区的安全保卫工作主要依靠保安日夜巡逻去维护。传统巡检制度的落实主要依靠巡逻人员的自觉性，管理者对巡逻人员的工作质量只能做定性评估，容易使巡逻流于形式，因此急需加强工作考核，改变传统手工表格对巡逻人员监督不力的管理方式。电子巡检系统可以很好地解决这一难题，使人员管理更加科学和准确。在电子巡更系统中，巡更点安放在巡逻路线的关键点上，保安在巡逻的过程中用随身携带的巡更棒读取自己的人员点，然后按线路顺序依次读取巡更点。在读取巡更点的过程中，如发现突发事件可随时读取事件点，巡更棒将巡更点编号及读取时间保存为一条巡逻记录。定期用通信座（或通信线）将巡更棒中的巡逻记录上传到计算机中，利用管理软件将事先设定的巡逻计划同实际的巡逻记录进行比较，就可得出巡逻漏检、误点等统计报表。这些报表可以真实地反映巡逻工作的实际完成情况。

6. 门禁管理系统

不同于传统的人工查验证件放行、用钥匙开门的落后方式，门禁管理系统可自动识别智能卡上的身份信息和门禁权限信息。持卡人只有在规定的时间和在有权限的门禁点刷卡后，门禁点才能自动开门放行允许出入，如有非法入侵则拒绝开门并输出报警信号。由于门禁权限可以随时更改，因此无论人员怎样变化和流动，都可及时更新门禁权限，不存在钥匙开门方式的盗用风险。同时，门禁出入记录被及时保存，可以为安全事件的调查提供直接依据。

知识补充

社区安全防范系统是以社区居民为防护对象，综合运用周界报警系统、视频安防监控系统、出入口控制（门禁）系统、巡查系统、停车场管理系统、楼宇对讲系统等防范技术及产品组成的安全系统。同时在智慧社区，通过与手机实名、身份证、门禁卡、人脸识别等功能绑定而实现的智能门禁、车辆道闸、人行道闸、梯控、公寓云锁等产品组成的安防系统，能够精准地进行人员甄别，有效解决实有人口管理难题。但由于系统资源具备单一属性，因此社区安防系统在资源共享、业务整合上还存在如下问题：

1）系统硬件资源零散，同类功能没有在硬件上进行整合利用；

2）无法对监控实行无缝接入，实现视频资源调用与共享；

3）多层网络结构的传统控制网络存在多种通信协议及联网设备，无法相互联通，不利于系统间的信息传递；

4）系统联动多数局限于硬件联动，实施与维护复杂度较大；

5）软件结构采用封闭模型，不利于系统扩展与升级；

6）缺乏更多的标准接口，影响系统接入、实现业务整合；

7）无法实现智能网管方式下的设备统一监测，增加了系统运维成本，存在安全隐患；

8）没有统一的数据库，无法在内部实现信息共享，以及系统数据的统一管理与维护；

9）无法配置全局预案，实现统一平台下的业务优化；

10）各系统一般情况下均需安装配置软件及操作软件，造成机房软硬件冗余；

11）系统管理员需熟悉多种不同风格、不同控制逻辑的管理客户端，容易导致业务不精或工作疏漏；

12）无法实现远程查看整个系统的运行数据，大部分系统信息局限于管理机房，不利于上层管理。

能力拓展

请提出对社区安防系统的改进意见。

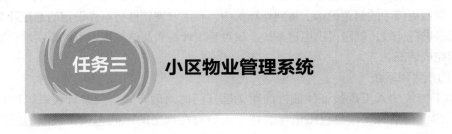

任务三　小区物业管理系统

任务描述

物业管理系统是现代居住小区不可缺少的一部分，一个好的物业管理系统可以提升小区的管理水平，使小区的日常管理更加方便。将计算机的强大功能与现代管理思想相结合，建立现代化的智能小区是物业管理发展的方向。本任务通过调查当地某一小区的物业管理系统，了解相关子系统的应用功能及产品技术，包括LED信息发布系统、远程抄表系统、背景音乐与紧急广播系统等，从而更加深刻了解智能社区的物业管理系统。

任务实施

调查当地某一社区的物业管理系统，了解相关子系统的应用功能及技术。

1. LED信息发布系统

在小区出入口、电梯口及物业部门设置LED信息发布系统，可用于小区物业的水、电、燃气、暖气等相关物业信息的发布、即时信息发布、社区配套服务信息发布，还可作为社区宣传平台、社区文化平台和广告增值平台。LED信息发布系统与小区物业管理中心连接，可以发布天气预报、新闻、交通信息，还可以考虑与可视对讲系统联动。

LED信息发布系统能够提供丰富多样的视频、音频、图片、字幕（滚动字幕）等多媒体组合播放模式，并能实现实时信息与本地硬盘信息的灵活组合播放，在时间和空间组合上满足多样化的需求，且管理简单、使用方便。

2. 远程抄表系统

远程抄表系统可以对家庭所用三表（水表、电表、气表）的数据进行自动采集和远程传输，实现三表远程自动抄表功能。目前，几乎所有的智能建筑和住宅小区对三表的收费管理问题，都采用了先进的计算机管理方式，即集水、电、气于一体的联网抄表管理系统，成功地消除了传统人工抄表方式所带来的误差大、时效性差、统计计算工作量大、带有人为随意性，调取数据时极不方便等弊端。远程抄表系统能节省时间、节省人力物力、提高工作效率和降低物业管理成本，也解决了用户不易了解用水、电、气情况的烦恼，真正实现了物业管理为用户着想的原则。

3. 背景音乐与紧急广播系统

为营造一个轻松愉悦、安全舒适的家居环境，背景音乐及紧急广播系统是小区建设不可缺少的一个组成部分。背景音乐与紧急广播系统的主要功能是提供小区背景音乐和广播、消防和保安报警以及紧急通知等。小区背景音乐系统涉及小区大门口、休闲广场、主干道、亲水岸边的背景音乐等。紧急广播系统用以实现火灾等紧急情况下，及时引导疏散人员、全区通知等目的。本系统与消防报警系统联动，当发生紧急事故（如火灾时），可根据报警信号自动切换到紧急广播工作状态。

知识补充

1. 智慧社区定义

目前，智慧社区还没有形成统一的定义。

百度百科认为，智慧社区是指充分借助互联网、物联网，涉及智能楼宇、智能家居、路网监控、智能医院、城市生命线管理、食品药品管理、票证管理、家庭护理、个人健康与数字生活等诸多领域。

有专家认为智慧社区是依托信息化手段和物联网技术，通过网络和以电视机为核心的家庭智能终端，在智能家居、视频监控、社区医疗、物业管理、家政护理、老人关爱等诸多领域，为用户提供智能化、信息化、快捷化的生活空间，实现人们从"看电视"到"用电视"的飞跃，构建户户联网的全新社区形态。

还有的专家认为智慧社区是指充分借助互联网、物联网、传感网等网络通信技术，对住宅楼宇、家居、医疗、社区服务等进行智能化的构建，从而形成基于大规模信息智能处理的一种新的管理形态社区。

清华大学王京春等专家则认为智慧社区是以提高服务水平、增强管理能力为目标，针对居民群众的实际需求及其发展趋势和社区管理的工作内容及其发展方向，充分利用信息技术实现信息获取、传输、处理和应用的智能化，从而建立现代化的社区服务和精细化的社区管理系统，形成资源整合、效益明显、环境适宜的新型社区形态。

也有专家认为智慧社区是依据信息时代发展的产物（如互联网、传感网），构建得到的结果。它主要通过充分发挥ICT（信息通信）、RFID（无线射频识别）等信息化基础设施的优势，构建出具有海量信息和智能过滤处理的新的生活、产业发展、社会管理模式等的智慧形态社区，如智能楼宇、路网监控、城市生命线管理以及智能医院等。

本教材认为，智慧社区是指以互联网为依托，充分借助计算机和物联网技术，将社区的楼宇、家居、物业、医疗等所有社区服务、安全防范和生活各个环节进行智能化构建和集成应用，为社区居民提供安全、高效、舒适、温馨、便利的居住环境，实现社区生活和服务数字化、互联化、智能化、便捷化，是一种大数据信息智能处理的新型管理形态社区。

2. 智慧社区的基本组成

从图1-1可以看出，智慧社区的基本组成包括传感器层、公共数据专网、智慧应用层、综合应用界面和数据库。其中，传感器层是智慧社区的数据来源，通过对社区各个应用系统所产生的各类数据进行收集、存储，形成智慧社区的基础数据；公共数据专网负责智慧社区数据传递，智慧社区的各个子系统均通过数据专网进行互联，无论是数据的获取、查询、发布，还是应用系统的处理结果均通过专网实现；智慧应用层是智慧社区的关键，智慧社区的应用价值全部体现在这些应用系统中；综合应用界面是智慧社区的门户，智慧社区各个系统均通过统一的应用界面与各类使用者交互；数据库则是智慧社区数据的存储中心和交换中心，智慧社区各个系统的数据均在数据库中存储并进行相互之间的交换。

项目一
项目二
项目三
项目四
项目五
项目六
项目七
项目八
项目九
附录

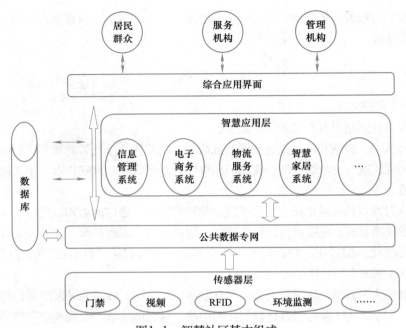

图1-1　智慧社区基本组成

3. 智慧社区的特点

智慧社区应该包括以下6个特点：

1）舒适、开放的人性化环境；

2）高度的安全性；

3）便捷的数字化通信方式；

4）便利的综合社区信息服务；

5）家居智能化；

6）物业管理智能化；

4. 智慧社区发展现状

（1）智慧社区的应用在不断扩大，但仍处于初级阶段

早期的智能化小区模式实现了设备的自动监控，但并未实现自动控制网络与互联网的互联。近年来，充分融合了物联网技术与传统信息技术的智慧社区解决方案逐渐出现，并在一些发达地区实施。智慧社区典型应用包括智慧家居、智慧物业、智慧政务、智慧公共服务。智慧家居是融合家庭控制网络和多媒体信息网络于一体的家庭信息化网络平台。家庭控制网络通过有线或无线的方式接入因特网（Internet）、公众电话网、广电网、社区局域网等网络，通过家庭网关实现电子信息设备、通信设备、娱乐设备、家用电器、自动化设备、照明设备、保安（监控）装置及水、电、气、热表（或概称"三表三防"设备）的控制与设备间协同。智慧物业利用小区视频监控网络、各种传感器网络及小区宽带网络构成物联网系统，实现智慧的保安消防、垃圾回收清运、停车场管理、日常设备检修与维护、环境监测、电梯管理等智慧服务。智慧公共服务利用信息共享与集成技术，实现社区医疗服务、"一站式"缴费服务、电子商务服务、养老服务。特别是通过智能感知、识别技术使得居家养老和社区养老实现智能化，老人

的各种诉求被感知：身体健康状况被社区医院和医护人员感知；居家安全和出行安全被社区服务人员和家属感知。智慧政务对政府部门有关业务进行科学的分类、梳理、规范，创新服务管理模式，提高服务管理的规范化、精细化水平，实现社区一站式服务。

当前阶段，智慧社区应用还处于方案或试运行阶段，物联网应用需求的发掘还不充分，智慧社区的发展还处于初级阶段。

（2）智慧社区应用主要集中在大城市的主要社区

智慧城市建设如火如荼，智慧社区成为智慧城市建设的重要内容，但由于智慧社区本身代表了一种较现代、较新颖的生活方式，受建设成本和消费水平影响较大。因此，智慧社区的发展还很不平衡。深圳、上海、广州、北京等沿海城市、直辖市和各省级中心城市发展较快，智慧社区还主要集中在这些大城市的主要社区。

2017年10月25日，北京市首个智慧小区示范项目揭牌仪式在昌平顶秀青溪家园小区举行，率先上线了北京市智慧小区服务平台，实现了业主、物业、政府部门的三方联动，业主只需下载一个手机应用软件即可实现扫码进入小区，报修、缴费等与生活息息相关的琐事全都可以在手机上搞定。通过物业服务管理、物业设备维护、物业设备监控等3大系统，物业管理人员可实现小区可视化物业管理。物业维修人员通过手机APP迅速识别设备，按照系统规划的运维步骤迅速完成设备运维任务，提高设备运维效率，还可以向业主发布政府、街道、物业的公示公告，接收业主的维修保单等。

2018年12月7日，上海音乐广场小区的"智慧社区"建设项目正式通过验收。小区的水箱、路灯、井盖都安装有传感器，水箱有异味、井盖偏离位置物业都能及时收到消息、及时处置，大大提高了小区的管理效率。门禁识别系统、智能烟感探测器、燃气检测、老人腕表定位提醒、高清摄像头、可视化通话机……无处不在的高科技，共同守卫社区居民的安全。小区的机动车进出自动识别收费系统、智能感应系统、烟感报警系统7大工程的数据都汇总到一个综合管理平台，数据也可以统一对接到公安、市政等部门。

2018年8月1日上午，中国建设银行"建融智慧社区云平台"产品发布会在广东、山东两地同步举办。通过一个APP，动动手指就能满足物业管理、进门停车、家居装修、社区消费、休闲娱乐、教育养老、财富规划等各种各样的服务需求。业主可通过各类智能手机下载"建融慧家"APP，不仅能享受到物业水电煤的缴费、房屋租赁和快递、维修、干洗、保姆家政等服务，通过APP录入人脸，还能实现刷脸开门。

（3）智慧社区缺乏系统性

智慧社区本应是项系统性工程，如今无论是地产、物管还是第三方平台却各自为政，缺乏统筹者，无人主导。比如在部分地产商眼里，"智慧社区"就是个能来钱来人气的噱头，但他们对物业管理与安全服务、智能家居、便民服务这些综合性智慧社区要素并不"感冒"，而多数物管公司却又面临着各种先天不足——经费不足、资源缺失、技术瓶颈、人员素质跟不上，第三方平台之间没有数据共享，造成每个小区都成了一座独立的数据孤岛，彼此之间没有信息互传和交流。

（4）智慧社区建设标准不统一

由于大家都有各自的目的，从而使得行业缺乏统一协议或标准，产品之间不能实现互联互通。比如智能照明的技术协议，就有ZigBee、MacBee、蓝牙5.0、WiFi、2.4G等数种之多，这些协议各有优劣势又相互排斥。尽管阿里巴巴、海尔、美的、中兴等厂商都在努力完成智能化产品的标准统一，推动产业升级，但由单一产业链的整合转变为各个生态圈间的融合发展的路途还是较为漫长的。

（5）缺乏适应智慧化社区管理与服务的人才

智慧社区的管理与服务模式与传统社区有很大不同，因此一些重要岗位只有经过培训的专业服务管理人员才能够胜任，所以社区管理与服务机构特别是社区服务中心与物业管理中心，需要配备高素质的技术管理及业务办理人才，才能保障智慧社区软硬件资源最大限度地发挥作用。比如一个安防系统由于管理不善，导致其他人员误操作，使得系统通信参数被修改，整个系统瘫痪，这就需要物管人员具备将其快速恢复的能力。所以，需要提高物管人员的技术水平。

能力拓展

简要撰写小区物业管理系统调查报告，内容包括系统设计、各子系统应用功能、设备产品等。

项目评价表见表1-1。

表1-1　项目评价表

任　务	要　求	权　重	评　价
智慧社区概念	搜索资料，理解什么是智慧社区	40%	
智慧社区的组成	掌握智慧社区的主要组成部分	30%	
智慧社区发展	了解智慧社区的发展现状	10%	
智慧社区的产品	搜索资料，了解国内外智慧社区的主要产品	20%	

通过本章任务的学习，解答以下问题：

1）什么是智慧社区？

2）智慧社区由什么组成？

3）为什么要建设智慧社区？

4）智慧社区发展现状如何？

5）智慧社区现有哪些产品？

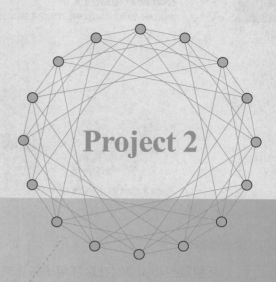

Project 2

项目二

智慧社区项目设计

项目概述

　　小童是物联网专业的中职学生，已经学习了物联网专业的相关技术。现在他想把物联网技术融入自己所住的小区，设计一个智慧社区，提高小区住户的生活品质。他设计的智慧社区具有环境监控功能、安防功能、智慧商业功能。环境监控功能是通过各种传感器采集社区环境的各种参数，显示并驱动执行器改善环境状况，给住户提供一个舒适的环境；安防功能是通过各种传感器采集异常突发情况后报警，通过设备敦促保安人员定点定时巡逻，及时发现安全隐患，给住户提供一个安全的社区；智慧商业功能是通过安装智能设备，建立实现无人化结算、电子货币付款、智能配送等功能的智慧超市。

学习目标

1）通过智慧社区的项目设计，了解智慧社区的各项功能；

2）通过环境监控功能设计，掌握社区环境需要监控的各种因素及如何监控；

3）通过安防功能设计，掌握社区安全环境需要监控的各种场所及如何安防监控；

4）通过智慧商超功能设计，掌握社区需要的智慧商超的功能。

任务一　环境监控功能设计

任务描述

　　环境监控功能是对社区环境的各物理量进行检测，如果环境的物理量偏离舒适标准，则启动执行器控制、调整环境物理量的参数至舒适标准。环境监控功能应从三个环节进行设计。第一个环节为地上环境监控，包括空气质量监测，大气压力监测，风速监测，温湿度监测，控制、光照监测和控制、二氧化碳监测；第二个环节为地下环境监控，包括土壤的温湿度监测和控制；第三个环节为水中环境监控，包括水温监测和控制、水位监测。

任务实施

　　环境监控功能的工作流程为：各种传感器采集数据，送到模拟量模块或数字量模块进行转换，模拟量模块或数字量模块再将转换的数据送到串口服务器，串口服务器通过网线把数据送到无线路由器，无线路由器再把数据送到服务端PC机和移动互联终端，提供给社区管理者和住户，同时提供给控制器，控制器根据舒适标准启动执行器调整环境的各种物理量。

1. 地上环境监控设计

　　地上环境监控功能设计包括对社区的空气质量、大气压力、光照、温湿度、风速、二氧化碳等物理量进行测量和控制调整，给住户提供一个舒适的社区环境，其功能框图如图2-1所示。

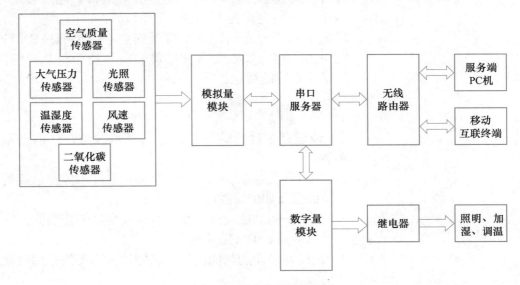

图2-1　地上监控功能框图

1）空气质量监控。采用空气质量传感器采集社区空气的质量参数，送到PC机和移动互联终端显示。

2）大气压力监控。采用大气压力传感器采集社区大气压力参数，送到PC机和移动互联终端显示。

3）光照监控。采用光照度传感器采集社区光照参数，送到PC机和移动互联终端显示。光线强度低于设定值时，开启社区公共照明。

4）温湿度监控。采用温湿度传感器采集社区环境的温湿度参数，送到PC机和移动互联终端显示。如果温湿度低于设定值，控制器启动加湿加温设备进行加湿加温；如果温湿度高于设定值，控制器启动降湿降温设备进行降湿降温。

5）风速监控。采用风速传感器采集社区环境的风速参数，送到PC机和移动互联终端显示。

6）二氧化碳监控。采用二氧化碳传感器采集社区空气中的二氧化碳浓度值，送到PC机和移动互联终端显示。

2. 地下环境监控设计

地下环境监控功能设计主要是对社区绿化带土壤的温湿度进行监测，给社区的树木、草地提供良好的成长环境，其功能框架如图2-2所示。

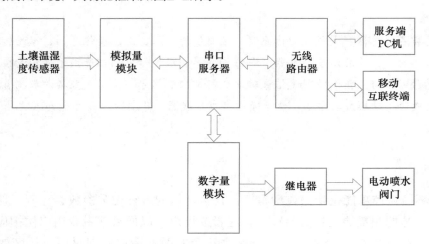

图2-2 地下环境监控功能框架

采用土壤温湿度传感器采集土壤中的温度和湿度参数，送到PC机和移动互联终端显示。如果土壤湿度低于设定值，不利于植物生长，控制器开启电动喷水阀门喷水，增加土壤湿度。

3. 水中环境监控设计

水中环境监控功能设计主要是对社区湖、人工池塘的水温和液位高度进行监测，给水中的鱼、水草等生物打造一个舒适的水环境，其功能框架如图2-3所示。

1）水温监控。采用水温传感器采集水中的温度数据，送到PC机和移动互联终端显示。

如果水温低于设定值，不宜于鱼生活，控制器启动加热设备升高水温。

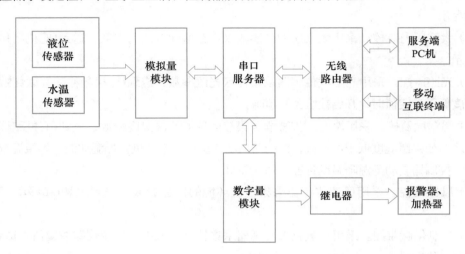

图2-3 水中环境监控功能框架

2）液位监控。采用液位传感器采集水位高度数据，送到PC机和移动互联终端显示。如果水位高于或者低于正常值，报警器发出警报，提醒社区管理者注意。

小贴士

> 空气质量传感器、大气压力传感器、光照度传感器、温湿度传感器、风速传感器、二氧化碳传感器、土壤温湿度传感器、液位传感器、水温传感器都选用了模拟量传感器。模拟量传感器可以将采集的物理量信号转化成模拟的电信号，传感器采集的数据首先送到模拟量转化模块，转换成数字量，然后通过串口集线器、路由器，最终送到PC机和移动互联终端。

知识补充

社区环境监控功能是指通过测量智慧社区环境的各种相关参数，控制、调节、改善环境因素，并把测量的结果送给社区管理者或用户，以便管理者或用户做相应的处理。社区环境监控功能包括空中、地下、水中三个方面，请你根据对现有社区的调研，设计出各环节的具体功能，最后设计各环节的整体数据采集、传输、处理、控制的实现方式。

能力拓展

环境监控功能设计包括了三个环节，分别为地上环境监控、地下环境监控、水中环境监控。请你根据社区调研结果，给环境监控功能设计出其他的环节，注意在每个环节上监控的物理量数目应有限。根据需求出发，请设计出更多的物理量监控项目，给社区打造更完善的居住环境。

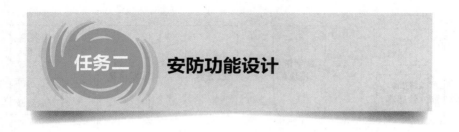

任务描述

安防功能设计主要是指社区居住环境的安全保障功能，包括非法人员闯进社区报警功能、火灾水灾报警功能、煤气泄漏报警功能、社区保安巡逻机制和门禁系统。这些功能可有效提高社区的安全性，保证社区住户的人身、财产安全。

任务实施

1. 非法人员闯进社区报警功能

非法人员闯进社区报警功能包括有人翻墙报警和视频监控功能，其功能框架如图2-4所示。

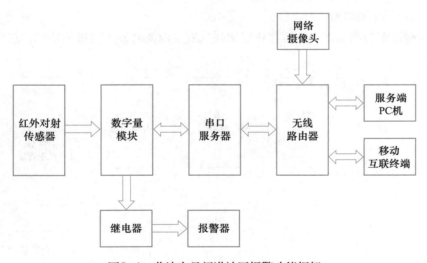

图2-4 非法人员闯进社区报警功能框架

1）有人翻墙报警。在社区围墙上安装红外对射传感器，当有人从围墙处翻墙进来时，控制器可及时收到信号并控制报警器报警。

2）视频监控功能。采用网络摄像头采集视频并发送到PC机或移动互联终端，保安人员可实时监看社区各个区域的动态情况，如有异常情况，及时处理。

2. 火灾水灾报警功能

火灾水灾报警功能包括火灾报警功能和水灾报警功能，其功能框架如图2-5所示。

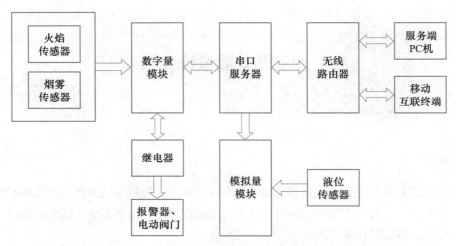

图2-5 火灾水灾报警功能框架

1）火灾报警功能。采用火焰传感器和烟雾传感器感应火灾的烟雾和明火信号并送到控制器，一旦发生火灾，控制器即刻启动报警器报警和控制电动阀门喷水灭火。

2）水灾报警功能。采用液位传感器采集社区湖、池塘等液面的高度数据送到控制器，当液面高于安全值时控制器启动报警器报警。

3. 煤气泄漏报警功能

煤气泄漏报警功能是指当社区住户厨房煤气发生泄漏时发出警报的功能，其功能框架如图2-6所示。

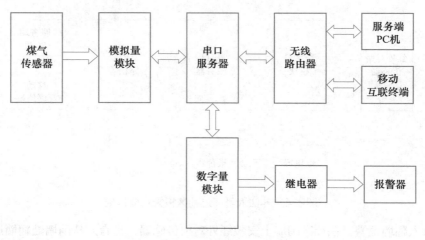

图2-6 煤气泄漏报警功能框架

采用煤气传感器监测社区住户家中的煤气浓度数据，如果煤气泄漏，传感器感应到信号并送到控制器，控制器启动报警器报警。

4. 社区保安巡逻机制

社区保安巡逻机制可以对保安巡逻次数和范围进行记录，督促安保人员定时定量巡逻社区每个角落，以便及时发现并处理异常情况。给每个安保人员配巡更卡，在巡更开始、结束时均需扫描巡更卡，巡更人员巡更社区过程中，通过用巡更棒感应巡更点，来记录巡更区域和巡更时间。这样可有效地监督巡更人员按时巡更社区每个角落，其机制结构如图2-7所示。

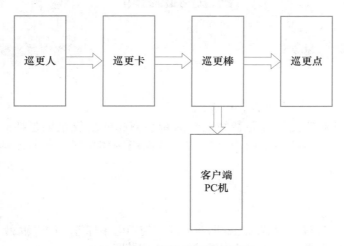

图2-7　社区保安巡逻机制结构

5．门禁系统

门禁系统包括社区大门门禁、楼栋门禁和住户门禁。

1）社区大门门禁。社区大门门禁包括车辆识别功能和住户识别功能。车辆识别功能是识别出本社区的车辆和外来车辆，防止外来车辆进入社区。住户识别功能通过住户卡识别出本社区住户，持有住户卡的用户可直接进入，没有用户卡的外来人员则无法进入社区，必须先到保安室登记方可进入，这样可以防止危险人员进入小区。

2）楼栋门禁。在每栋楼的楼道门设立楼栋门禁，可防止闲杂人员进入该栋楼房。来访人员需按门铃，得到住户允许后方可进入。

3）住户门禁。住户门禁可实现当有人通过非正常方式打开住户家门时，保安室会收到报警信号。

知识补充

社区安防识别系统是采用手机实名、身份证、门禁卡、人脸识别等功能而实现的，由智能门禁、车辆道闸、人行道闸、梯控、公寓云锁等产品组成的安防系统，能够精准地进行人员甄别，有效识别、预防社区的不安全因素。

能力拓展

安防功能设计了非法人员闯进社区报警功能、火灾水灾报警功能、煤气泄漏报警功能、社区保安巡逻机制、门禁系统，通过你的社会调查，你认为在安防功能上还需设计些什么功能，请你罗列一些并说明原因。

项目一

项目二

项目三

项目四

项目五

项目六

项目七

项目八

项目九

附录

任务三　　智慧商业功能

任务描述

社区的智慧商业功能主要是智慧商超。智慧商超的功能主要包括商品的电子标签、无人智能结算功能、自动出小票功能、APP或网络购物功能、实时派送功能、每栋楼下无人零售机。

任务实施

1）商品的电子标签。智慧商超的所有商品都使用电子标签，如二维码、条形码，通过扫描二维码或条形码，获取商品相关信息及价格和购物结账。

2）无人智能结算功能。智慧商超采用电子结账方式，无需现金结账，通过移动互联终端（手机）选购商品并结账。

3）自动出小票功能。电子结账完成，有些顾客需要小票，操作移动互联终端出小票，小票打印机可自行打印出购物小票。

4）APP或网络购物功能。社区住户可以在家里通过手机APP进行网络购物和结算，再实时配送到家。

5）实时派送功能。实时派送功能可以及时地把住户购买的商品送到住户家里。

6）每栋楼下无人零售机。社区住户可以在每栋楼下通过自动零售机购买日常的商品，使购买更便捷。

知识补充

调研现实社区商业模式，发现社区商业的不便利之处，结合技术，设计社区商业的智能化功能，包括购物、结算、配送等环节。

能力拓展

结合你对社区的商业模式现状的了解分析，除了上面设计的智慧商超的功能外，再设计出一些智慧商超的功能。

项目评价

本项目是设计智慧社区的功能，通过3个任务，小童为智慧社区设计了环境监控、安防、智慧商超3个方面的功能。请你根据任务实施过程，设计出自己的智慧社区，功能可以与小童设计的功能一样，也可以根据自己对社区现状的分析设计出新的功能，请把你设计出来的功能写到预先准备的白纸上。

项目评价表见表2-1。

表2-1　项目评价表

任　务	要　求	权　重	评　价
设计出智慧社区的功能	认真学习项目的3个任务	50%	
设计出智慧社区的功能合理性	考查学生对现实社区的调研和分析	30%	
学习表现	考查学生投入学习的态度和能力	20%	
团队合作	考查团队合作默契程度	10%	

项目总结

本项目设计了智慧社区的3大功能：环境监测功能、安防功能、智慧商超。环境监测功能主要包括空气因素监测、水中因素监测、地下土壤因素监测。安防功能主要包括非法人员闯进社区报警功能、火灾水灾报警功能、煤气泄漏报警功能、社区保安巡逻机制。智慧商超主要包括商品的电子标签、无人智能结算功能、自动出小票功能、APP或网络购物功能、实时派送功能、每栋楼下无人零售机。

项目一
项目二
项目三
项目四
项目五
项目六
项目七
项目八
项目九
附录

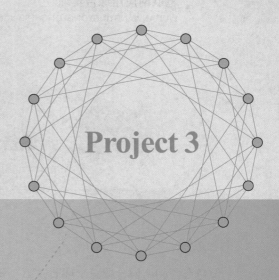

Project 3

项目三
感知层设备布局、安装 与调试

项目概述

在设计了智慧社区的功能后，本项目中小童开始借助新大陆的智慧社区实训台搭建自己设计的智慧社区的模拟场景。首先结合自己设计的智慧社区功能和新大陆智慧社区的实训台，在实训台上布局安装各个功能的选用设备，接着把各个功能的设备连接起来进行调试，实现智慧社区的模拟场景。本项目的实施分成三个任务逐步完成，任务一是根据各大功能选取设备，了解设备。任务二是根据布局图，布局安装固定好各种设备。任务三是根据设备硬件连线图连接各种设备实现整体的智慧社区模拟场景。

学习目标

1）通过本项目的动手操作，学会布局感知层的设备，接线安装和功能调试。

2）通过感知层设备合理布局操作，学会如何布局设备使安装接线合理便捷美观。

3）通过感知层设备接线安装，熟悉各种传感器、执行设备的接线端子的作用及如何接线。

4）通过功能调试学会调试的技能。

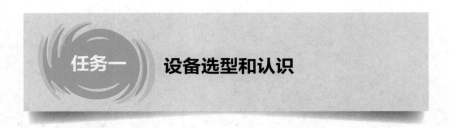

任务一　设备选型和认识

任务描述

　　设备选型和认识分成三个环节，第一环节是环境监控功能的设备选型和认识；第二环节是安防功能的设备选型和认识；第三环节是智能商超的设备选型和认识。通过这三个环节的任务实施，使实施者认识设备实物及使用方法，为以后安装和接线打好基础。

任务实施

　　1. 环境监控功能的设备选型和认识

　　环境监控功能涉及的设备见表3-1，在"备注"栏标明共用的，是指该设备在其他环节中可以共同使用。

表3-1　设备清单

序　号	产品名称	单　位	数　量	备　注
1	空气质量传感器	个	1	
2	大气压力传感器	个	1	
3	风速传感器	个	1	
4	温湿度传感器	个	1	
5	光照度传感器	个	1	
6	二氧化碳变送器	个	1	
7	土壤温湿度传感器	个	1	
8	水温温度传感器	个	1	
9	液位变送器	个	1	
10	电子雾化器	个	1	
11	加热棒	个	1	
12	水容器	个	1	
13	继电器	个	2	
14	照明灯座（灯泡）	套	2	
15	风扇	个	2	
16	四输入模拟量ZigBee协调器	台	1	
17	继电器ZigBee协调器	台	2	

（续）

序　号	产品名称	单　位	数　量	备　注
18	直流信号隔离变换器	个	1	
19	ZigBee协调器	个	1	共用
20	模拟量采集模块ADAM4017+	个	1	共用
21	数字量采集模块ADAM-4150	个	1	共用
22	RS-232到RS-485的无源转换	个	1	共用
23	串口服务器	个	1	共用
24	无线路由器	个	1	共用
25	客户端PC	台	1	共用

注意：实训台台架和连接线没有列入设备表里面。

（1）地上环境监控设备选型

1）空气质量监测。空气质量传感器是一种半导体气体传感器，对各种空气污染都有很高的灵敏度，响应时间快，可在极低的功耗情况下获得很好的感应特征，其实物如图3-1所示。

2）大气压力监测。大气压力传感器适用于各种环境的大气压力测量，其实物如图3-2所示。

图3-1　空气质量传感器实物图

图3-2　大气压力传感器实物图

3）风速监测。风速传感器是具有高灵敏度、高可靠性的风速观测仪器。本项目所用的风速传感器采用三风杯式传统风速传感器结构，风杯的旋转带动内部锯齿状红外栅栏转动，再经过红外效应变成脉冲信号进行采集，经过精密微芯计算机得到风速值。该方式测风速动态特性好，测量平滑。本仪器有多样化输出，多种输入可选，方便客户搭配各种嵌入式系统或工业集成系统。如图3-3所示。

4）温湿度监测和控制。温湿度测量采用温湿度传感器，本项目所使用的温度和湿度变送器的外壳材质采用耐冲击、非可燃性工业塑料，外观精巧，安装方便；采用国际知名公司的数字温度湿度传感器和低功耗单片机，响应时间短，精度高，稳定性好，其实物外形如图3-4所示。

图3-3　大气压力传感器实物图　　　　　　图3-4　温湿度传感器实物图

　　温度控制采用直流24V供电的排风扇，如图3-5所示。湿度控制采用电子雾化器，能将水雾化喷洒到空气中，改变空气湿度。如图3-6所示。

图3-5　排风扇实物图　　　　　　　　　图3-6　电子雾化器实物图

　　5）光照监测和控制。光照测量采用的光照度传感器是一种高灵敏度的光敏原件作为传感器，具有测量范围宽、使用方便、便于安装、传输距离远等特点，如图3-7所示。
　　光照控制采用照明灯，采用LED的灯泡，直流12V供电。如图3-8所示。

图3-7　光照传感器实物图　　　　　　　　图3-8　照明灯实物图

　　继电器是弱电控制强电的中间环节设备。如图3-9所示。
　　6）二氧化碳监测。二氧化碳变送器采用红外二氧化碳传感器，具有很好的选择性，无氧气依赖，寿命长，并且内置温度传感器，可以进行温度补偿，如图3-10所示。

图3-9 继电器实物图

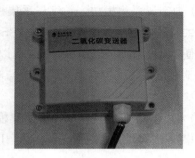

图3-10 二氧化碳传感器实物图

（2）地下环境监控设备选型

土壤的温湿度监测和控制。土壤水分温度传感器由不锈钢探针和防水探头构成，可长期埋设于土壤和堤坝内使用，对表层和深层土壤进行墒情的定点监测和在线测量。与数据采集器配合使用，可作为水分定点监测或移动测量的工具（即农田墒情检测仪）。其实物如图3-11所示。

（3）水中环境监控设备选型

1）水温监测和控制。水温测量采用水温传感器可用来测量水的温度。它采用热敏电阻，阻值在275Ω至6500Ω之间。而且是温度越低阻值越高，温度越高阻值越低，其实物如图3-12所示。

图3-11 土壤水分温度传感器实物图

图3-12 水温传感器实物图

水温的控制采用了加热棒，如图3-13所示。

2）水位监测。液位变送器是根据不同比重的液体在不同高度所产生压力成线性关系的原理，实现对水、油及糊状物的体积、液高、重量的准确测量和传送，如图3-14所示。

图3-13 加热棒实物图

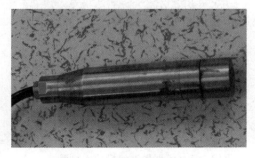

图3-14 液位变送器实物图

项目一
项目二
项目三
项目四
项目五
项目六
项目七
项目八
项目九
附录

（4）信号转换、传递、控制、展示等环节的设备选型

1）数字量采集模块。数字量采集模块ADAM-4150是ADAM 4000系列模块之一，采集开关量的。它应用的EIA RS-485通信协议是工业上最广泛使用的双向、平衡传输线标准，它使得ADAM 4000系列模块可以远距离高速传输和接受数据。ADAM-5000/485系统是一款数据采集和控制系统，能够与双绞线多支路网络上的网络主机进行通信，如图3-15所示。

2）模拟量采集模块。模拟量采集模块采用ADAM-4017+是ADAM 4000系列模块之一，采集模拟量的，其实物外形如图3-16所示。

图3-15　数字量采集模块实物图　　　　图3-16　模拟量采集模块实物图

3）ZigBee采集模块。四输入模拟量ZigBee模块用于采集模拟信号量，接在ZigBee板上，将采集到的模拟信号量通过ZigBee传输信息，如图3-17所示。

ZigBee继电器模块是开关采集器和继电器二合一的功能模块，如图3-18所示。

ZigBee模块用于ZigBee无线通讯协调。如图3-19所示。

4）串口服务器。串口服务器是为RS-232/485/422到TCP/IP之间完成数据转换的通信接口转换器。提供RS-232/485/422终端串口与TCP/IP网络的数据双向透明传输，提供串口转网络功能，如图3-20所示。

图3-17　模拟量采集模块实物图　　　　　　图3-18　数字量模块实物图

图3-19　ZigBee协调器模块实物图　　　　图3-20　串口服务器实物图

5）无线路由器。无线路由器是用于用户上网、带有无线覆盖功能的路由器。无线路由器（Wireless Router）好比将单纯性无线AP和宽带路由器合二为一的扩展型产品。

6）客户端PC。

7）RS-232到RS-485的无源转换。RS-232到RS-485的无源转换器是将采集设备上采集到的数据通过该转换器，转换成RS-232送到串口服务器，再送到终端设备上，如图3-21所示。

图3-21　RS-232到RS-485的无源转换器实物图

2. 安防功能的设备选型和认识

安防功能涉及的设备见表3-2，和环境监测功能中共用的设备在此表格中不再列出。

表3-2　安防功能的设备清单

序　号	产　品　名　称	单　位	数　量	备　注
1	红外对射传感器	套	1	
2	网络摄像头	个	1	
3	火焰传感器	个	1	
4	烟雾传感器	个	1	
5	巡更卡	个	1	
6	巡更棒	个	1	
7	巡更点	个	1	
8	报警灯	个	1	
9				

项目一　项目二　项目三　项目四　项目五　项目六　项目七　项目八　项目九　附录

（1）非法人员闯进社区报警功能的设备选型

1）红外对射传感器。红外对射传感器由两部分组成，红外发射端和红外接收端，当有物体或人体阻挡了红外接收端接收，接收端就会产生信号，如图3-22所示。

2）网络摄像头。网络摄像头是传统摄像机与网络视频技术相结合的新一代产品，除了具备一般传统摄像机的图像捕捉功能外，机内还内置了数字化压缩控制器和基于Web的操作系统，使得视频数据经压缩加密后，通过局域网、Internet或无线网络送至终端用户。如图3-23所示。

图3-22　红外对射传感器实物图

图3-23　网络摄像头实物图

3）报警灯。报警灯采用优质进口LED灯管和特制驱动电路，能耗小，光效强。使用寿命在5万小时以上，直流12V供电，如图3-24所示。

（2）火灾水灾报警功能

1）火焰传感器。火焰传感器是专门用来搜寻火源的传感器，也可以用来检测光线的亮度，只是本传感器对火焰特别灵敏。火焰传感器利用红外线对火焰非常敏感的特点，使用特制的红外线接收管来检测火焰，然后把火焰的亮度转化为高低变化的电平信号，输入到中央处理器中，中央处理器根据信号的变化做出相应的程序处理，如图3-25所示。

图3-24　报警灯实物图

2）烟雾传感器。烟雾探测器也称为感烟式火灾探测器、烟感探测器、感烟探测器、烟感探头和烟感传感器，主要应用于消防系统，在安防系统建设中也有应用。它是一种典型的由太空消防措施转为民用的设备，如图3-26所示。

图3-25　火焰传感器实物图

图3-26　烟雾传感器实物图

3）液位传感器。液位传感器采用液位变送器，已经在水中环境监测部分做了介绍。

（3）社区保安巡逻机制

1）巡更卡。巡更卡主要用来区分人员身份，有的巡更卡做成钮状，其外形如图3-27所示。举个例子，如果两组班次的巡更人员用同一根巡更棒巡逻，那么他们就要用人员卡（钮）来区分。就是说班次1人员在巡逻前用人员卡（钮）接触或感应一下巡更棒，然后巡更棒就会认定之后的巡逻信息为班次1所有；班次2人员在巡逻之前需再感应一下人员卡（钮），然后再出去巡逻，以此来区分班次。

2）巡更棒。电子巡更棒是一种通过先进的移动自动识别技术，将巡逻人员在巡更、巡检工作中的时间、地点及情况自动准确记录下来。它是一种对巡逻人员的巡更巡检工作进行科学化、规范化管理的全新产品，是治安管理中人防与技防的一种有效的、科学的整合管理方案。其实物如图3-28所示。

3）巡更点。巡更点（俗称地点卡）是保安在巡更中必不可少的电子巡更系统配件，其主要用途是安放在保安巡更巡检的主要路线上，保安通过巡更棒按照指定的路线依次巡检所有巡更路线上的巡更点来达到管理保安正常工作的一种考勤检查系统。其实物如图3-29所示。

图3-27　巡更卡实物图　　　　图3-28　巡更棒实物图　　　　图3-29　巡更点实物图

3. 智能商超的设备选型和认识

智能商超的设备见表3-3。

表3-3　智能商超设备清单

序　号	产品名称	单　位	数　量
1	LED显示屏	台	1
2	电子价格标签	张	3
3	RFID中距离一体机	台	1
4	UHF发卡器（超高频）	部	1
5	UHF手持机（超高频）	部	1
6	超高频读卡器	台	1
7	热敏票据打印机	台	1
8	条码扫描设备	台	1
9	超高频不干胶标签	张	10
10	无线射频IC卡	张	3

（1）LED显示屏

LED显示屏用于显示变化的数字、文字、图形、图像等信息，它不仅可以用于室内环境，还可以用于室外环境。在本项目中，LED显示屏主要用于商超的信息显示，也可用于社区的通知信息显示，其实物如图3-30所示。

图3-30　LED电子屏实物图

（2）UHF手持机

本项目中所使用的UHF手持机如图3-31所示。

图3-31　UHF手持机实物图

（3）热敏票据打印机

票据打印机又称为小票打印机，用于打印商超出示的各种小票据，常见的有热敏式和针式两种。热敏式票据打印机通过发热体直接使热敏纸变色产生印迹，其外形如图3-32所示。针式票据打印机则是通过打印头出针击打色带把色带上的色迹印在纸上。

（4）条码扫码枪

条码扫码枪可用于识别条码的信息内容，其外形如图3-33所示。

图3-32　小票打印机实物图

图3-33　条码扫码枪实物图

（5）RFID中距离一体机

超高频读写一体机是利用RFID技术研制的，可以以非接触的方式识别电子标签和修改电子标签的设备。RFID技术是一种非接触的自动识别技术，通过无线射频的方式进行非接触双向数据通信，对目标加以识别并获取相关数据。如图3-34所示。

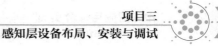

（6）超高频读卡器

本项目采用的桌面超高频读卡器是利用RFID技术研制的可以非接触的识别电子标签的设备，其外形如图3-35所示。

图3-34　RFID中距离一体机实物图

图3-35　RFID中距离一体机实物图

（7）UHF发卡器（超高频）

利用RFID技术研制的可以非接触的识别电子标签和修改电子标签的设备，如图3-36所示。

（8）电子价格标签

电子价格标签的实物如图3-37所示。

图3-36　RFID中距离一体机实物图

图3-37　电子价格标签实物图

（9）无线射频IC卡

无线射频IC卡的实物如图3-38所示。

图3-38　电子价格标签实物图

知识补充

1. 射频技术的概述

射频技术（RF）是Radio Frequency的缩写。较常见的应用有无线射频识别（Radio Frequency Identification，RFID），常称为感应式电子晶片或近接卡、感应卡、非接触卡、电子标签、电子条码等。其原理为由扫描器发射一特定频率之无线电波能量给接收器，用以驱动接收器电路将内部的代码送出，此时扫描器便接收此代码。接收器的特殊在于免用电池、免接触、免刷卡，故不怕脏污，且晶片密码为世界唯一，无法复制，安全性高、寿命长。RFID的应用非常广泛，目前典型应用有动物晶片、汽车晶片防盗器、门禁管制、停车场管制、生产线自动化、物料管理等。

2. 无线射频识别技术RFID系统的组成

1）标签（Tag）：由耦合元件及芯片组成，每个标签具有唯一的电子编码，附着在物体上标识目标对象。

2）阅读器（Reader）：读取（有时还可以写入）标签信息的设备，可设计为手持式或固定式。

3）天线（Antenna）：在标签和读取器间传递射频信号。

3. 无线射频识别技术RFID的工作原理

电子标签又称为射频标签、应答器、数据载体；阅读器又称为读出装置、扫描器、通信器、读写器（取决于电子标签是否可以无线改写数据）。电子标签与阅读器之间通过耦合元件实现射频信号的空间（无接触）耦合、在耦合通道内，根据时序关系，实现能量的传递、数据的交换。

发生在阅读器和电子标签之间的射频信号的耦合类型有两种。

1）电感耦合。变压器模型，通过空间高频交变磁场实现耦合，依据的是电磁感应定律，如图3-39所示。电感耦合方式一般适合于低、高频工作的近距离射频识别系统。典型的工作频率有：125kHz、225kHz和13．56MHz。识别作用距离小于1m，典型作用距离为10~20cm。

2）电磁反向散射耦合。雷达原理模型，发射出去的电磁波碰到目标后反射，同时携带回目标信息，依据的是电磁波的空间传播规律，如图3-40所示。电磁反向散射耦合方式一般适合于超高频、微波工作的远距离射频识别系统。典型的工作频率有：433MHz，915MHz，2.45GHz，5.8GHz。识别作用距离大于1m，典型作用距离为3~10m。

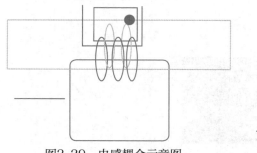

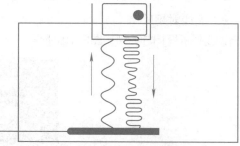

图3-39　电感耦合示意图　　　　　　　图3-40　电磁反向散射耦示意图

知识补充

本任务是设备选型和认识。结合项目二设计的智慧社区的3大功能：环境监测功能、安防功能、智慧商超逐个对设备进行选型和认识，观察设备的实物外观、固定安装的形式、电气接线端子。

能力拓展

针对书本选型的设备，通过网络或者书籍搜集资料详细具体学习各种设备的特性应用场合。

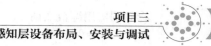
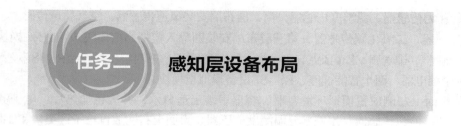

任务二　感知层设备布局

任务描述

本任务是将感知层的设备合理布局，并安装固定到新大陆的实训台工位上。本任务分成三部分，首先布局安装环境监测功能方面的设备，然后布局安装安防功能方面的设备，最后布局安装智能商超的设备。

任务实施

根据左工位布局图和右工位布局图把感知层设备逐个安装、固定到指定的位置。

1. 根据左工位布局图固定安装设备（见图3-41）

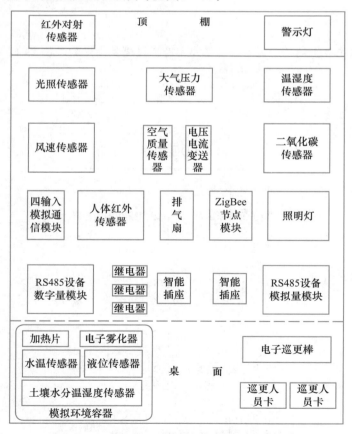

图3-41　左工位—环境监测、安防工位布局图

1）顶棚位置布局安装红外对射传感器和警示灯。

2）工位网状平面上布局安装4层设备，从上而下、从左到右，第一层布局安装光照传感器、大气压力传感器、温湿度传感器；第二层布局安装风速传感器、空气质量传感器、直流信号隔离变压器、二氧化碳传感器；第三层布局安装四输入模拟通信模块（ZigBee模块）、人体红外传感器、排气扇、ZigBee节点模块、LED照明灯；第四层布局安装RS485设备数字量模块、3个继电器、两个智能插座、RS485设备模拟量模块。

3）桌面上左侧放置模拟环境容器，容器里装上适量水，并放置加热片、电子雾化器、水温传感器、液位传感器、土壤水分温湿度传感器；桌面上右侧放置电子巡更棒和2张巡更人员卡。

2. 根据右工位布局图固定安装设备（见图3-42）

1）顶棚位置布局安装红外对射传感器和网络摄像头。

2）工位网状平面上布局安装4层设备，从上而下、从左到右，第一层布局安装LED显示屏；第二层布局安装3个电子价格标签、超高频RFID读写器；第三层布局安装排气扇、ZigBee节点模块、照明灯、烟雾传感器、火焰传感器；第四层布局安装无线路由器、3个巡更点、串口服务器。

3）桌面上左侧放置UHF桌面发卡器和UHF手持机；桌面上右侧放置高频读写器和热敏票据打印机。

小贴士

安装在网状工位上的传感器和设备基本都是通过螺丝固定到工位上的。

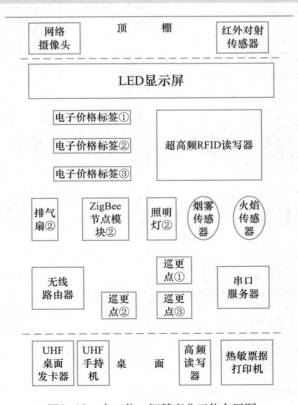

图3-42　右工位—智慧商业工位布局图

知识补充

上面左右工位的位置布局是根据新大陆实训台提供的布局图布局的，新大陆对实训台布局做了合理的设计，所以我们采用设备厂家提供布局图布局安装设备。

能力拓展

本任务的位置布局安装是一种常用的布局，同学们可以想一想怎么布局更合理、更美观、更有利于接下来的安装布线，并对以上的位置布局进行调整修改。

任务三 感知层设备布线安装与调试

任务描述

本任务是对左右工位上已经布局安装固定好的设备进行安装布线、接线及调试。因为设备数量和种类较多，有可能造成布线接线混乱，所以把布线接线分成三个环节，第一环节对环境监控功能的设备进行布线接线；第二环节对安防功能的设备进行布线接线；第三环节对智慧商超的设备进行布线接线。

任务实施

1. 数字量采集器ADAM4150与数字量传感器、执行器的安装接线

数字量采集器ADAM4150与数字量传感器、执行器的安装接线见表3-4。

表3-4 数字量设备的供电电压和接入端口

序 号	传感器名称	供电电压	接入端口
1	烟雾传感器	24V	DI2
2	火焰传感器	24V	DI1
3	人体红外开关	24V	DI0
4	红外对射传感器	12V	DI4
5	报警灯	24V	DO0
6	左工位照明灯	12V	DO1
7	右工位照明灯	12V	DO2
8	电子雾化器	AC220	DO3
9	加热片	AC220	DO4

1）烟雾传感器接线：探测器1、3接线端子连一起接地，4接线端子接24V电源，2接线端子信号输出接在数字量采集器DI2。

2）火焰传感器的接线：探测器1、3接线端子连一起接地，4接线端子接24V电源，2接线端子信号输出接在数字量采集器DI1。

注意：这两个传感器在右工位，而数字量采集器在左工位，所以该传感器需从右工位后面走线连接到左工位的24V电源及数字量采集器！

3）人体红外开关的接线：红线接+24V；黑线接GND；黄线接信号，接在数字量采集器DI0。

4）红外对射传感器接收部分的接线：+接线端子接24V，-接线端子接地GND，out接线端子接开关量的DI4，com接线端子接数字量采集器的D.GND。红外对射传感器发射部分的接线：+接线端子接24V，-接线端子接地GND。

5）警示灯的接线：将红线接到继电器底座4口，黑线接3口，继电器的7口接数字量采集器的DO0，继电器6口接12V电源正极，继电器8口接24V电源正极，5口接电源地GND。

6）照明灯的接线：将灯座接继电器上，红线接继电器的4口，黑线接继电器3口，继电器的7口接数字量采集器的DO1。

7）智能插座的接线：两个智能插座的正负极分别接入背面供电箱的两个继电器上，正极接继电器4口，负极接继电器3口，从继电器的7口引出一条线，作为智能插座的信号线，分别接在数字量采集器的DO3和DO4。

注意：这里电源是在工位背景的供电箱上是接强电，请在指导老师监督下切断电源操作！

8）雾化器的接线：插头插在工位上的智能插座1。

9）加热棒的接线：插头插在工位上的智能插座2。

10）数字量采集器ADAM4150接线：VS端接电源24V，B.GND端接电源地，D+\D-端通过485/232转换器接到串口服务器。

小贴士

上面的接线采用文字描述实施接线任务，同学们必须结合附件四、五物联网智慧社区连线图。

2. 模拟量采集器ADAM4017+与模拟量传感器、执行器的安装接线

模拟量采集器ADAM4017+与模拟量传感器、执行器的安装接线见表3-5。

表3-5 模拟量设备的供电电压和接入端口

序 号	传感器名称	供电电压	接入端口
1	风速传感器	24V	Vin3+
2	光照传感器	24V	Vin1+
3	二氧化碳传感器	24V	Vin6+
4	大气压力传感器	24V	Vin4+
5	空气质量传感器 电压电流变送器	5V 24V	Vin7+
6	温湿度传感器	24V	温度：Vin0+ 湿度：Vin2+

1）风速传感器的接线：红线接24V；黑线接GND；蓝线为信号线，接在模拟量Vin3+。

2）光照度传感器接线：红线接24V；黑线接GND；黄线为信号线，接模拟量Vin1+。

3）二氧化碳传感器的接线：红色线接24V，黑线接GND，蓝色线是信号线，信号线接到模拟量Vin6+。

4）大气压力传感器的接线：红色线接24V，黑线接GND，蓝色线是信号线，信号线接到模拟量Vin4+。

5）空气质量传感器的接线：红线接5V，黑线接GND，黄线为信号线，信号线接在电压电流变送器的3端接线柱。

6）电压电流变送器的接线：3端接空气质量传感器的信号线和4端接GND线，7端接GND和8端接模拟量Vin7+，C端接24V和9端接GND。

7）温湿度传感器的接线：红线接24V，黑线接GND，绿色线HUMI是湿度信号线，接模拟量Vin2+。蓝色线TEMP是温度信号线，接模拟量Vin0+。

8）数字量采集器ADAM4017+接线：VS端接电源+24V，GND端接电源地，DATA+\DATA-端通过485/232转换器接到串口服务器。

3. ZigBee无线通讯模块与传感器、执行器的安装接线

（1）四输入模拟量ZigBee通讯模块安装接线与传感器的安装接线

1）液位变送器的接线：红线接24V；蓝线为信号线，信号线接四输入模拟量IN4。

2）水温传感器的接线：红线接24V；黑线接信号线，信号线接四输入模拟量IN3。

3）土壤水分温度传感器的接线：褐色接24V；蓝色接四输入GND；灰色线是水温度信号线，接四输入模拟量IN1；黑色线是水分（湿度）信号线，接模拟量IN2。

（2）继电器输出ZigBee通讯模块与执行器的安装接线

排风扇接线：继电器的第1口接电源正极24V，第2口接电源负极，风扇红色导线正极（+）接继电器的第3口，风扇黑色导线负极（-）接继电器的第4口。

（3）ZigBee通讯模的安装接线

2个继电器输出ZigBee通讯模块接5V电源适配器，1个四输入模拟量ZigBee通讯模块接5V电源适配器，1个ZigBee通讯模块协调器接5V电源适配器，且通过串口线连接到串口服务器。

4. 智能商超的设备安装接线

1）小票打印机的接线：通过USB线连接到客户端PC，再接上配套的适配器。

2）RFID中距离一体机的接线：通过串口线连接到串口服务器，再接上配套的适配器。

3）LED电子屏的接线：通过串口线连接到串口服务器，再接上220V电源。

4）移动互联终端的接线：通过网线连接到无线路由器，再接上配套的适配器。

5）条形扫码枪的接线：通过USB线连接到客户端PC。

6）UHF桌面发卡器的接线：通过USB线连接到客户端PC。

7）高频读卡器的接线：通过USB线连接到客户端PC。

8）串口服务器的接线：通过网线连接到无线路由器，再接上配套的适配器。

9）无线路由器的接线：通过两根网线分别连接客户端PC和服务端PC，再接上配套的适配器。

项目一

项目二

项目三

项目四

项目五

项目六

项目七

项目八

项目九

附录

知识补充

本任务是完成设备的安装接线，形成完整的智慧社区的模拟场景。接线大致分成三个步骤，第一步连接与数字量采集器连接的传感器和执行器，第二步连接与模拟量采集器连接的传感器和执行器，第三步连接智慧商超的设备。这样分块的连线不会遗漏掉某个设备，条理清晰。连线时注意信号线、电源线和电源地线，结合文字描述和连线图，逐个连接设备。

能力拓展

设备的安装接线都是按照任务描述和连线图进行接线的，同学们要多加练习，争取做到不用根据连线图就可以自己接线。

本项目可根据表3-6对学生的任务完成情况和学习情况进行考核。

表3-6　项目评价表

任　务	要　求	权　重	评　价
设备的选型和认识	考查学生对设备的认识程度	20%	
设备的安装布局	考查学生按照布局图合理、美观地安装设备	30%	
设备的连接	考查学生正确无误地按照连线图连接设备，完成整体智慧社区模拟场景设计	30%	
学习表现	学生投入学习的态度和能力	10%	
团队协作	培养团队协作能力	10%	

本项目是动手操作的项目，操作分成三步进行。第一步把感知层设备布局安装到工作台上；第二步把各种感知层设备和执行器按规则接线；第三步调试各种设备是否正常运行。在操作过程中，学习各种设备的功能、特性以及如何接线。

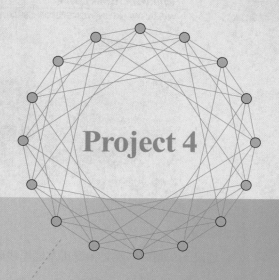

Project 4

项目四

网络传输层连接与配置

项目概述

　　小童在计算机上通过智能社区软件可直接对家里的房间进行实时监控，或者直接控制家里的电器设备。他对此非常好奇，为什么计算机并没有直接连接网络摄像头和串口服务器，但却可以获取相关的信息，下达指令呢？

学习目标

1）了解局域网概念；

2）掌握IP地址分配；

3）了解端口概念；

4）掌握网络摄像头配置；

5）了解串口服务器概念；

6）掌握串口服务器配置；

7）能够在物联网智慧社区实训平台中，搭建无线局域网，并对各终端设备的网络参数进行配置。

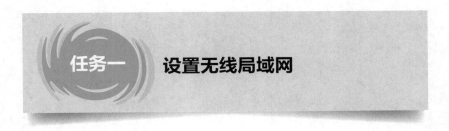

任务一　设置无线局域网

任务描述

通过无线路由器建立和配置本地无线局域网，并分配各设备IP。

任务实施

1）通过网线连接路由器网口，在浏览器地址栏中输入"192.168.1.1"，输入默认用户名和密码"admin"，进入路由器设置界面（见图4-1）。

2）点击左栏列表中的"设置向导"项，再单击"下一步"按钮（见图4-1）。

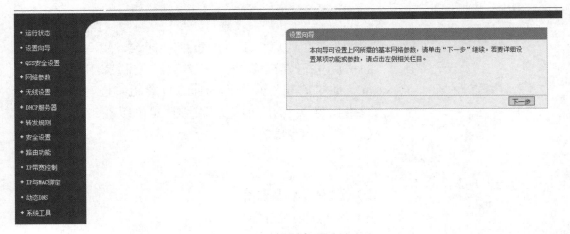

图4-1　设置向导界面

3）对上网方式进行选择，默认选择"动态IP"，单击"下一步"按钮（见图4-2）。

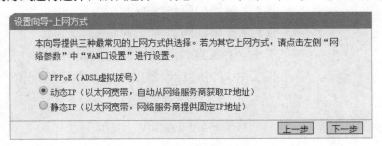

图4-2　选择上网模式

4）将"无线状态"选为"开启"，在"SSID"栏设置无线网络名称。为了保障无线网络安全，开启无线安全，选择"WPA-PSK/WPA2-PSK"，在"PSK密码"中输入要设置的密码，最后单击"下一步"按钮（见图4-3）。

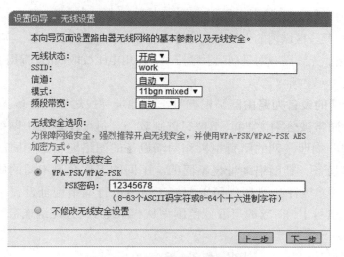

图4-3　无线网络基本参数设置

5）单击"完成"按钮退出设置向导（见图4-4）。

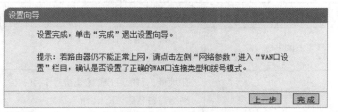

图4-4　设置完成

6）单击左栏列表"网络参数"中的"LAN口设置"，可进行网络地址更改。根据工位号进行设置，"IP地址"设置为"192.168.【工位号】.1"（见图4-5）。

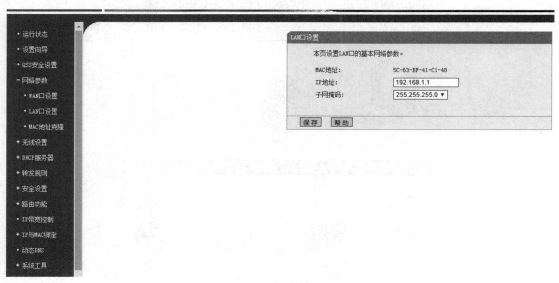

图4-5　IP地址修改

知识补充

局域网就是将某一区域内的大量个人计算机及各种设备互连在一起，实现数据传输和资源共享的计算机网络。无线局域网是利用射频技术，使用电磁波取代旧式碍手碍脚的双绞铜线所构成的局域网络。

连接各局域网的设备为路由器，根据唯一IP地址寻找对应的设备。IP地址是一个32位的二进制数，通常被分割为4个"8位二进制数"。每个IP地址由网络地址和主机地址两部分组成。同一物理子网的所有主机和网络设备的网络地址是相同的，不同物理网络上的主机和网络设备，其网络地址是不同的。不同的工作台是不同的局域网，在此为一个局域网提供一个C类IP地址段，可以根据工位号进行网络地址设置，则网络地址设为192.168.【工位号】.x。x的可设置范围为从1到254，分配给连接到本地局域网上的设备。

各设备的IP地址分配可参见表4-1和图4-6。

表4-1　IP地址分配

序　　号	设 备 名 称	配 置 内 容
1	服务器	IP地址：192.168.【工位号】.2 网络设备名称：iServer
2	工作站	IP地址：192.168.【工位号】.3 网络设备名称：iClient
3	网络摄像头	IP地址：192.168.【工位号】.4
4	手持PDA	IP地址：192.168.【工位号】.5
5	移动互联终端	IP地址：192.168.【工位号】.6
6	串口服务器	IP地址：192.168.【工位号】.7

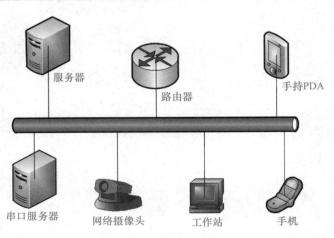

图4-6　局域网拓扑结构

能力拓展

IPv4是互联网协议（Internet Protocol，IP）的第四版本，也是现在被广泛使用的现代网络协议的基础。IPv4中所规定的IP地址长度为32，即有$2^{32}-1$个地址。

Internet委员会定义了5种IP地址类型以适应不同类型的网络，即A类—E类。A类网络地址数量较少，有126个网络，每个网络可以容纳主机1600多万台。B类地址适用于中等规模网络，有16 384个网络，每个网络最大容纳数能达到6万多台。C类网络地址数量最多，有209万多个网络，应用于小规模的局域网络，每个网络仅能容纳254台计算机。D类地址用于多播（一对多通信）。而E类地址保留为以后使用。

随着互联网的快速发展，IPv4定义的有限地址空间即将被分配完，为了大量增加地址数量，可通过IPv6重新定义地址空间。IPv6采用128位地址长度，地址空间增大了2^{96}倍，几乎不受限制。并且考虑了在IPv4中解决不好的其他问题，主要有端到端IP连接、服务质量（QoS）、安全性、多播、移动性、即插即用等。

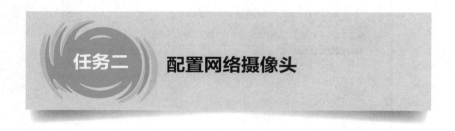

任务二　配置网络摄像头

任务描述

配置摄像头，通过本地局域网络连接计算机，计算机可使用Web网页访问摄像头。

任务实施

1）打开安装软件"![IPCamSetup.exe]"，选择安装语言，单击"确定"按钮（见图4-7）。

2）直接单击"下一步"按钮（见图4-8），进入下一界面。

3）如若直接安装在默认路径下，可直接单击"下一步"按钮（见图4-9）或单击"浏览"按钮，选择相应的路径后，再单击"下一步"按钮。

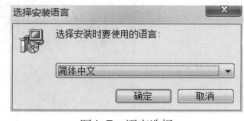

图4-7　语言选择

4）设置菜单文件夹，若将快捷方式直接放置在当前名称下命令的开始菜单文件夹中，可直接单击"下一步"按钮（见图4-10）或选择放置在其他文件夹内，单击"浏览"按钮，选择其他文件夹然后单击"下一步"按钮。

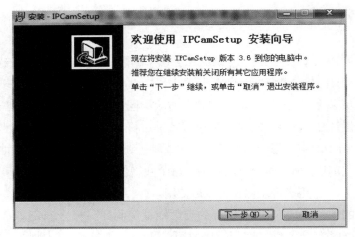

图4-8　进入安装向导

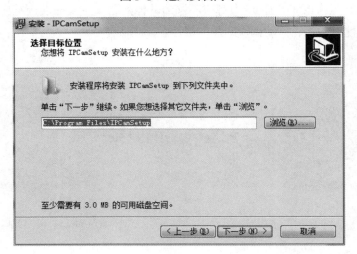

图4-9　文件位置选择

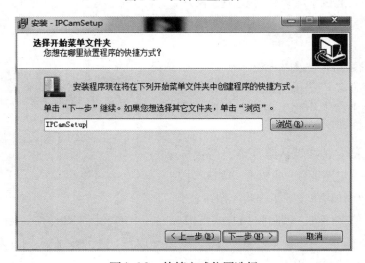

图4-10　快捷方式位置选择

5）直接单击"安装"按钮（见图4-11），即可完成安装。

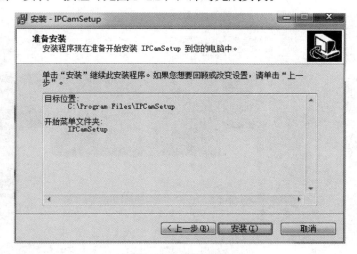

图4-11　开始安装

6）在开始栏中，单击运行已安装好的 IPCamSetup 。

7）可刷新获取摄像头IP，在"基本信息"（见图4-12）选项卡中可对"IP地址"等信息进行修改，根据之前分配好的地址，将"IP地址"改为192.168.【工位号】.4，"网关"设为192.168.【工位号】.1，"子网掩码"设置为255.255.255.0。这里注意：一定要将摄像头的"端口"设置为"80"，因为网页打开的默认端口是80，如果摄像头没有设置，需要在访问摄像头的链接地址加上80，但应用程序的地址并没有包含端口地址，所以要把摄像头端口改为80，否则无法连接上。改好后，单击"设置"按钮，摄像头设置成功。

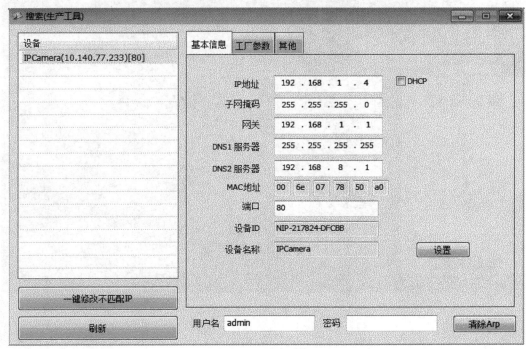

图4-12　摄像头基本参数设置

8）通过Web方式输入摄像头链接地址：192.168.14.100，打开摄像头的网页设置界面（见图4-13）。

图4-13　进入摄像头网页

9）单击设置图标 ⚙ ，进行设置（见图4-14）。

图4-14　摄像头界面

10）选择图4-15所示界面左侧的"无线局域网设置"，进入图4-16所示的"无线局域网"设置界面。

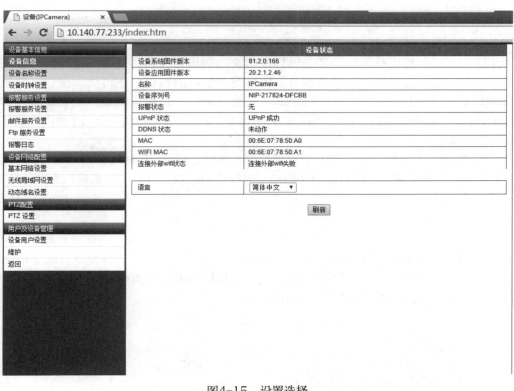

图4-15　设置选择

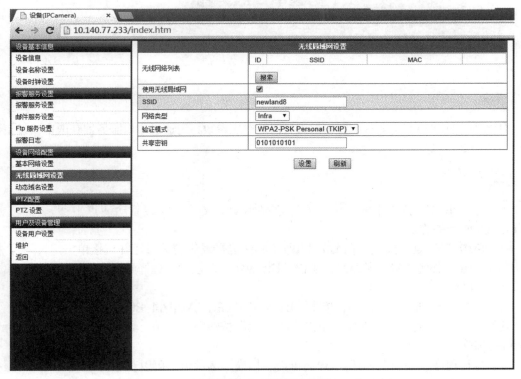

图4-16　无线网络设置

知识补充

端口（port）可以认为是设备与外界通信交流的出口，端口可分为虚拟端口和物理端口。其中，虚拟端口指计算机内部或交换机路由器内的端口，不可见，例如计算机中的80端口、21端口、23端口等。物理端口又称为接口，是可见端口，例如计算机背板的RJ45网口，交换机、路由器、集线器等的RJ45端口，电话使用的RJ11插口也属于物理端口的范畴。

如果说IP地址是房屋地址，那么端口就是进入房屋的门。一般房屋只有几个门，但是一个IP地址可以有很多端口。端口是通过端口号来标记的，端口号只能是整数，范围是从0到65535（$2^{16}-1$）。

能力拓展

网络传输分为TCP（Transmission Control Protocol，传输控制协议）和UDP（User Data Protocol，用户数据报协议），查阅相关资料了解两种传输方式的特点，判断网络视频数据采用的是哪种传输协议，并写明理由。

任务三　搭建串口服务器

任务描述

任务为搭建串口服务器：配置串口服务器的对应参数，可通过串口服务器获取串口设备信息或下达命令。

任务实施

1）打开串口服务器中的"中金TS 产品驱动"文件，安装驱动请点击 vser.msi，弹出图4-17所示的界面。

2）单击"Next"按钮，在图4-18所示界面选择默认安装路径并直接单击"Next"按钮进行下一步。如需更换安装路径，点击"Browse.."按钮，选择好指定的地址后，再单击"Next"按钮。

3）在图4-19所示的界面中，单击"Install"按钮，弹出图4-20所示安装界面。

4）在图4-21所示的界面中，单击"Finish"按钮完成安装，桌面上会自动生成图标，如图4-22所示。

5）运行程序，在图4-23所示界面单击"扫描"选项卡，可以获取局域网中的串口服务器的IP地址；单击"虚拟串口"选项卡，配置虚拟串口IP地址和COM端口。

6）打开浏览器，输入192.168.0.200进入到串口服务器的后台（见图4-24）。在左侧列表中单击"快速设置"，可在IP地址栏设置相应的IP地址，如192.168.【工位号】.7。同时改变相应的IP地址时要改变网关，网关为192.168.【工位号】.1。

图4-17　安装程序启动界面

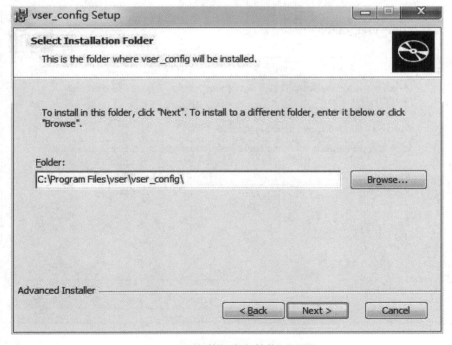

图4-18　安装程序文件位置设置

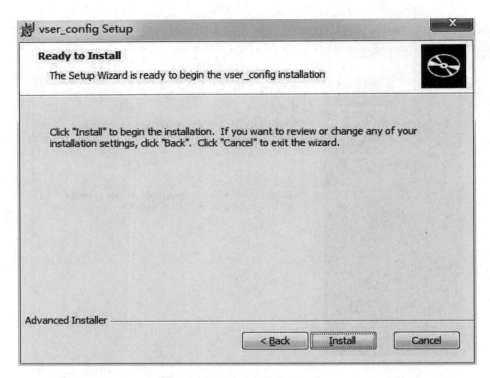

图4-19　安装程序

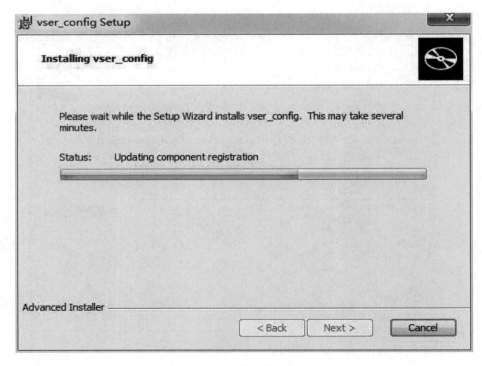

图4-20　安装进度

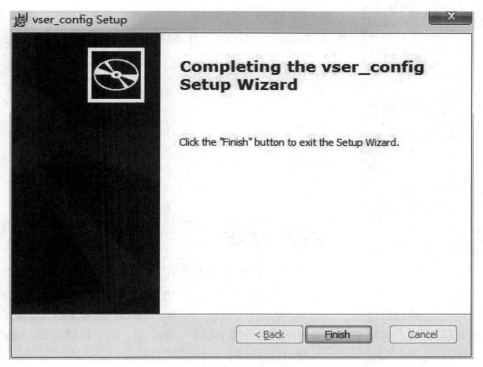

图4-21 完成安装

图4-22 驱动程序图标

图4-23 获取串口服务器

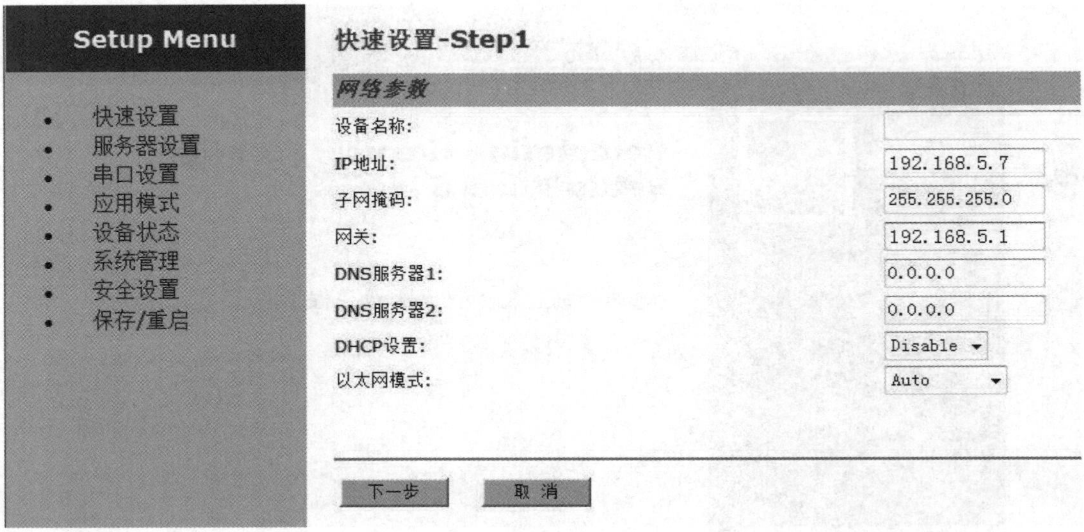

Setup Menu

- 快速设置
- 服务器设置
- 串口设置
- 应用模式
- 设备状态
- 系统管理
- 安全设置
- 保存/重启

快速设置-Step1

网络参数

设备名称：	
IP地址：	192.168.5.7
子网掩码：	255.255.255.0
网关：	192.168.5.1
DNS服务器1：	0.0.0.0
DNS服务器2：	0.0.0.0
DHCP设置：	Disable
以太网模式：	Auto

下一步　　取消

图4-24　串口服务器快速设置步骤一

7）进入如图4-25所示的"快速设置-step2"界面，在串口选择中，要单击每个串口进入来进行更改。串口选择中1、2、3、4分别代表1、2、3、4串口，这里要注意，串口服务器连接的模块不同，波特率的选择也不同。一般情况下，模拟量、数字量接入时，波特率为9600；作为ZigBee模块的协调器接入时，波特率为38 400；超高频RFID模块接入时，波特率为57 600；LED显示屏接入时，波特率为9600。

快速设置-Step2

串口1

串口选择：　　◉1　　○2　　○3　　○4

串口参数

接口类型：	RS-232
波特率：	38400
数据位：	8
停止位：	1
奇偶校验：	None
流量控制：	None
接收空闲时间：	10 (5~5000ms)
接收空闲字节数：	1024 (1~1024Byte)
RS-485使能延时：	0 (0~255Bit Periods)
接收超时：	0 (0~255Bit Periods)
接收缓存：	0 (0~1024Bytes)
传输方式：	Cached

将以上参数应用于

串口选择：　　☑1　　☐2　　☐3　　☐4
☐All

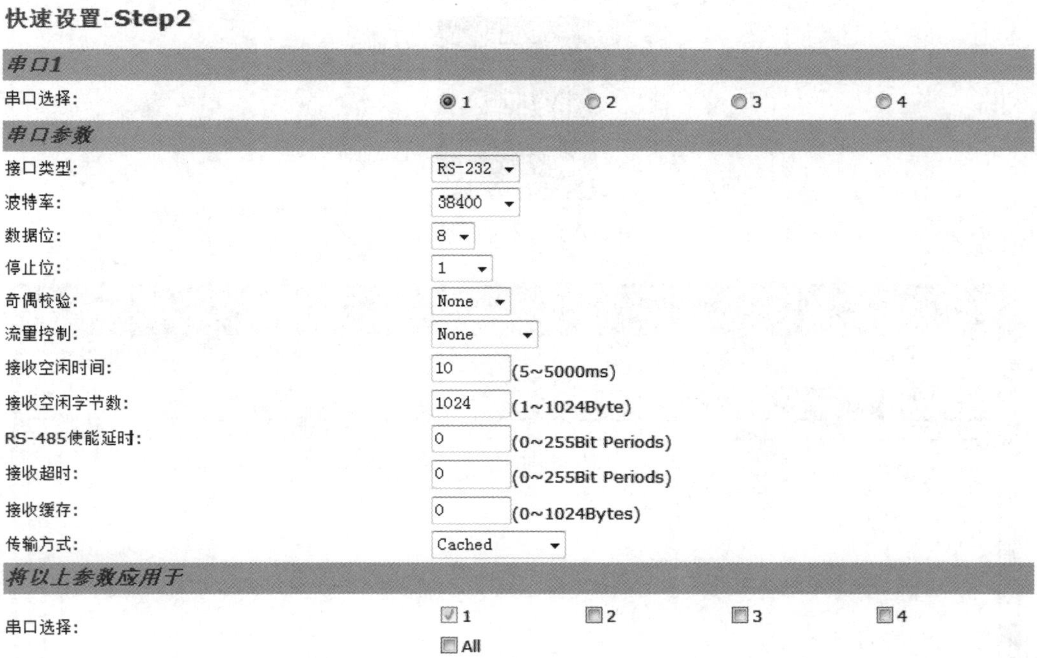

图4-25　串口服务器快速设置步骤二

8）进入如图4-26所示的"快速设置-step3"界面，在"应用模式参数"中进行设置。

将"连接模式"设为"Real COM","连接数"设为"8",在"将以上参数应用于"选项区"串口选择"中勾选"All"。

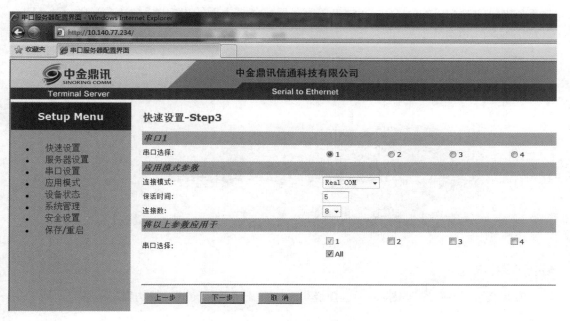

图4-26　串口服务器快速设置步骤三

9）单击"确定"按钮，串口服务器进行重启（见图4-27）。

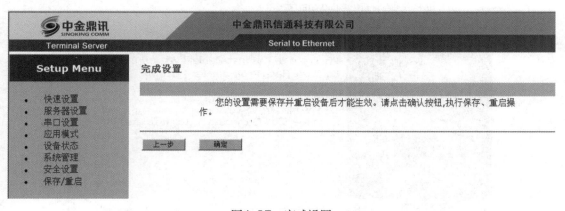

图4-27　完成设置

知识补充

串口服务器基于TCP/IP的串口数据流传输，能连接多个串口，选择和处理串口数据流，将来自传统的串口数据转化成IP端口的数据，或者也可将来自TCP/IP的数据包解析为串口数据流。串口服务器完成的是一个面向连接的TTL串口或者RS 232/RS 485/RS 422链路和面向无连接以太网之间的通信数据的存储控制。系统对各种数据进行处理，处理来自串口设备的串口数据流并进行格式转换，使其成为能在以太网中传播的数据帧；对来自以太网的数据帧进行判断，并转换成串行数据送至响应的串口设备。

项目一
项目二
项目三
项目四
项目五
项目六
项目七
项目八
项目九
附录

在实际应用当中，串口服务器是将TCP/IP的以太网接口映射为Windows操作系统下的一个标准串口，应用程序可以像对普通串口一样对其进行收发和控制，比如一般计算机有两个串口COM1和COM2，通过串口服务器可将其上面的串口映射为COM3、COM4、COM5等。

能力拓展

串口通信会采用波特率来计算传输速度，查阅相关资料了解波特率与比特率的关系。

任务描述

安装烧写工具软件，根据需要选择烧写器与ZigBee连接方式，成功烧写程序。

任务实施

1）找到SmartRF Flash Programmer烧写工具软件Setup_SmartRFProgr_1.10.2.exe，双击进行安装，如图4-28所示。

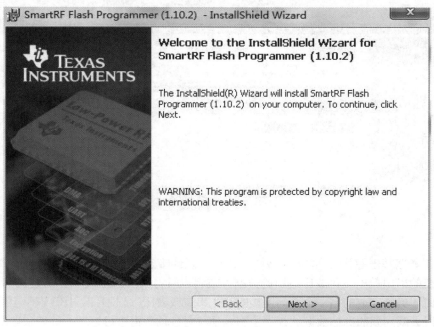

图4-28 双击SmartRF Flash Programmer烧写工具软件

2）单击"Next"按钮，设置安装目录，如图4-29所示。

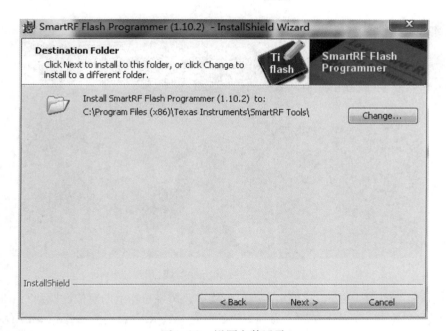

图4-29　设置安装目录

3）单击"Next"按钮，选择"Complete"模式，如图4-30所示。

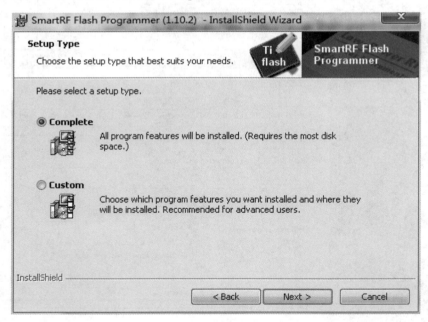

图4-30　设置安装模式

4）单击"Install"按钮，开始安装，安装完成桌面生成SmartRF Flash Programmer图标。

5）将ZigBee与烧写器相连，烧写器通过USB与计算机连接。ZigBee底板供电是5V电源，一定不要接错了，一旦接了12V的电源，底板有可能被烧坏，下载电缆有红色边条的朝天线方向，如图4-31所示。

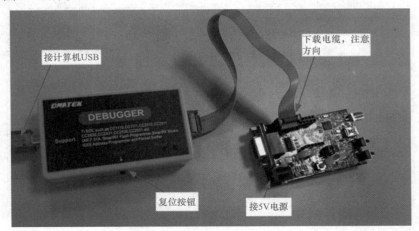

图4-31　连接ZigBee与烧写器

6）运行SmartRF Flash Programmer程序，按烧写器上的复位键找到ZigBee，选择正确下载代码，单击"下载"按钮，直到下载条走完，显示下载成功，如图4-32所示。

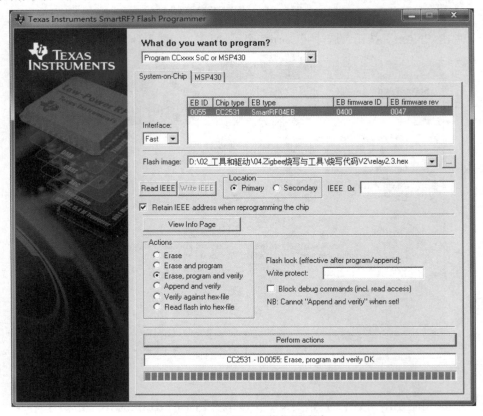

图4-32　ZigBee下载代码成功

7）打开协调器主板上电源，使用公母串口线将ZigBee连接到PC上，打开PC端上的ZigBee组网参数设置软件进行ZigBee配置，打开配置工具，选择COM1口打开，读取当前连接到的ZigBee信息，在这个界面可以设置、读取和修改参数设置。配置ZigBee参数时必须把协调器（见图4-33）、传感器（见图4-34）和继电器（见图4-35）的PAN ID以及通道设置成同样的参数，每一个ZigBee的通道（Channel）也要设置成一样，才可以组网；注意，配置传感器时，传感器类型必须得选择四通道电流；配置继电器时，一块继电器的序列号配置为"1234"，另一块继电器的序列号配置为"0001"，不必选择传感器类型。组网时每个ZigBee模块都要接上天线（需要注意的是如果要组在同一个网络下，组网的ZigBee设备的Channel与PAND ID需要一致）。

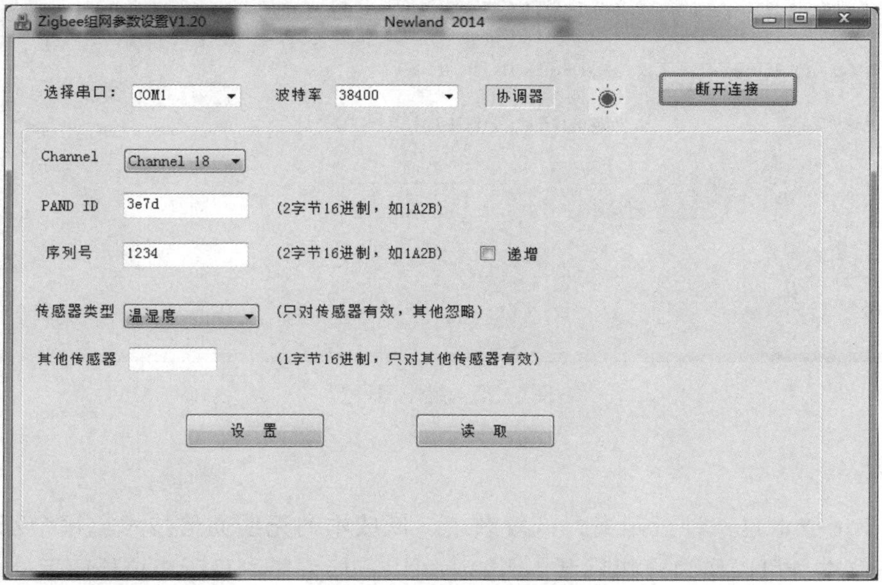

图4-33 协调器设置

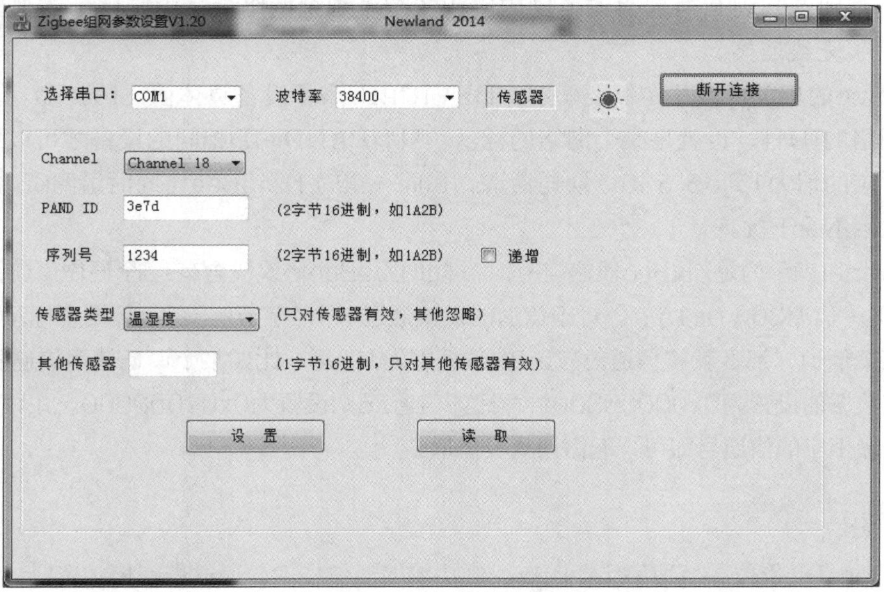

图4-34 传感器设置

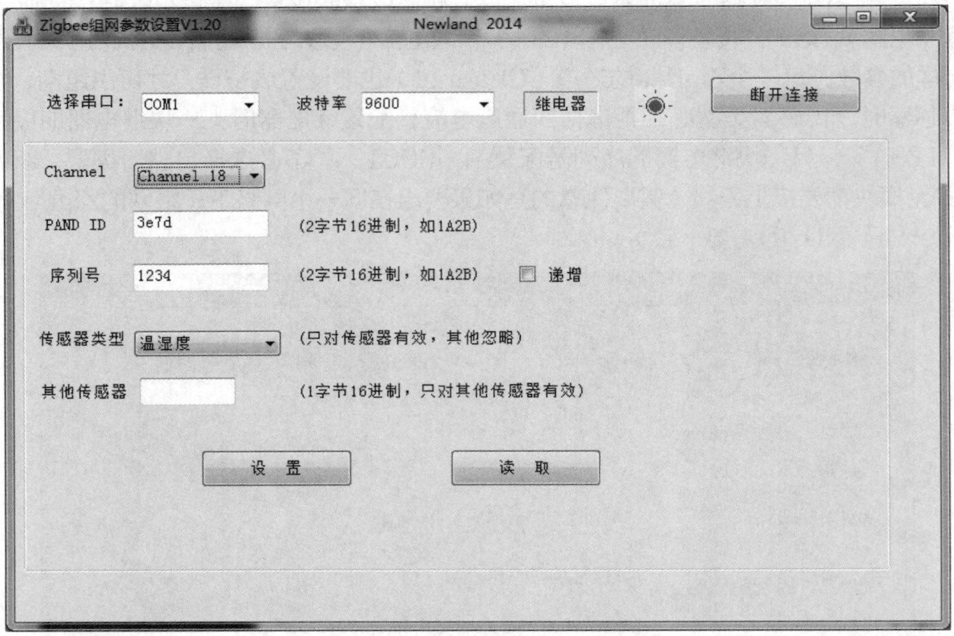

图4-35 继电器设置

知识补充

ZigBee技术是一种近距离、低复杂度、低成本的无线通信技术。每个ZigBee网络节点不仅本身可以作为检测节点，例如，可以直接采集本身所连接传感器的信息，还可以作为中转器转送别的网络节点所发送的信息。除此之外，每一个ZigBee网络节点（FFD）还可在自己信号覆盖的范围内，和多个不承担网络信息中转任务的孤立的子节点（RFD）无线连接。

ZigBee的相关参数一定需要了解，DEVICEID表示设备具体值。PAND ID表示的是私有网络的ID号，也就是某个网络的标示。只有PAND ID相同的设备才可以组成一个网络，对应的值为1到65 535。换句话说，在同一空间下ZigBee可同时组网65 535个网络，且互相不受干扰。

Channel表示的是ZigBee通信信道，2.4g的ZigBee协议栈含有16个通信信道，信道11（0x0b）～信道26（0x1a）。对于信道的设置通过一个4字节的32bit数据来标示，如果需要使用某个信道，那么就将信道对应bit的数据置为1即可。比如某个设备使用信道11，那么将其信道数据值设置为0x00000800，再比如信道26则设置为0x04000000。在界面配置上只需要选择相应的信道号即可，无需设置具体值。

能力拓展

ZigBee是低价位、低速率、短距离、低功率的通信技术，通过查阅相关资料，了解这些特点具体表现在哪些方面。

项目评价表见表4-2。

表4-2　项目评价表

任　　务	要　　求	权　　重	评　　价
设置无线局域网	能够熟练建立和配置本地无线局域网，并分配各设备IP	25%	
配置网络摄像头	配置摄像头，通过本地局域网络连接计算机，计算机可使用Web网页访问摄像头	25%	
搭建串口服务器	了解串口服务器概念，学会如何搭建串口服务器，通过串口服务器获取串口设备信息或下达命令	25%	
烧写ZigBee组网配置	熟练掌握烧写工具软件的安装，了解烧写器与ZigBee连接方式，掌握程序烧写	25%	

通过项目实施，掌握如何组建无线局域网，如何分配IP地址，使所有的网络设备通过网络连接到计算机。同时掌握了如何配置网络摄像头，也了解了如何通过Web方式访问摄像头观看视频。最后学习了如何通过串口服务器连接串口设备，使得串口数据能在网络上传输。

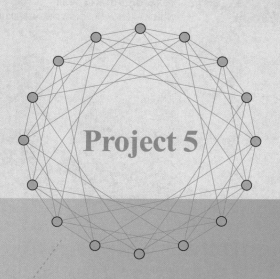

Project 5

项目五

应用层系统部署与配置

项目概述

　　小陈和几个好朋友平时对物联网比较感兴趣，他们加入了学校物联网兴趣小组，在学校物联网实验室进行实训。最近学校计算机系物联网实验室采购了一套物联网智慧社区实训平台供学生平时实训使用，今天小陈同学要在教师的指导下对物联网智慧社区实训平台的应用场景系统进行安装部署配置，完成：

　　1）服务端相关软件的安装配置。

　　2）物业端相关软件的安装配置。

　　3）业主端相关软件的安装配置。

学习目标

1）能够熟练地掌握物联网智慧社区实训平台的应用场景系统由哪几部分组成；

2）能够熟练地掌握每一部分的应用软件系统的功能；

3）能够熟练地根据实际要求对每一部分的应用软件进行安装配置。

任务描述

首先，成功安装Microsoft SQL Server 2008数据库、dotNetFramework 4.5、IIS服务器等基础组件。然后，正确配置智慧社区管理系统数据库、智慧社区管理系统—Web服务端、智慧社区管理系统—展示端。

任务实施

1. 安装Microsoft SQL Server 2008 数据库

1）双击运行安装包里的setup.exe文件，如图5-1所示。

📁 ia64	2008/8/1 12:12	文件夹	
📁 x64	2008/8/1 12:13	文件夹	
📁 x86	2008/8/1 12:14	文件夹	
📄 autorun.inf	2008/7/3 22:18	安装信息	1 KB
📄 MediaInfo.xml	2008/8/1 9:20	XML 文件	1 KB
📄 Microsoft.VC80.CRT.manifest	2008/7/1 0:36	MANIFEST 文件	1 KB
📄 msvcr80.dll	2008/7/1 0:49	应用程序扩展	621 KB
📄 Readme.htm	2008/7/7 3:15	360 Chrome HT...	15 KB
📄 setup.exe	2008/7/10 2:49	应用程序	105 KB
📄 setup.rll	2008/7/10 2:49	应用程序扩展	19 KB

图5-1 打开安装文件

2）在图5-2所示的对话框中，选择"运行程序"，开始SQL Server 2008的安装。

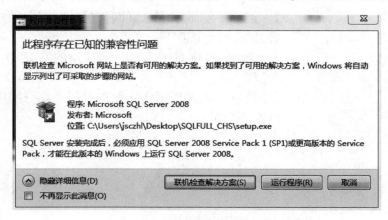

图5-2 兼容性问题提示对话框

3）进入"SQL Server安装中心"后在左侧列表中选择"安装"，如图5-3所示，进入"安装列表选择"界面。

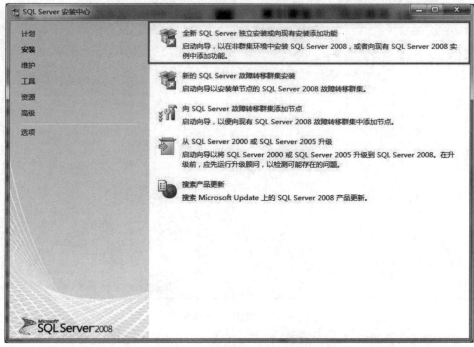

图5-3　安装列表选择界面

4）选择"全新SQL Server独立安装或向现有安装添加功能"，再次出现兼容性问题提示对话框，如图5-4所示。

图5-4　兼容性问题提示对话框

5）选择"运行程序"后进入"安装程序支持规则"界面，安装程序将自动检测安装环境基本支持情况，需要保证通过所有条件后才能进行下面的安装，如图5-5所示。当所有检测都通过完成后，单击"确定"按钮进行下一步安装。

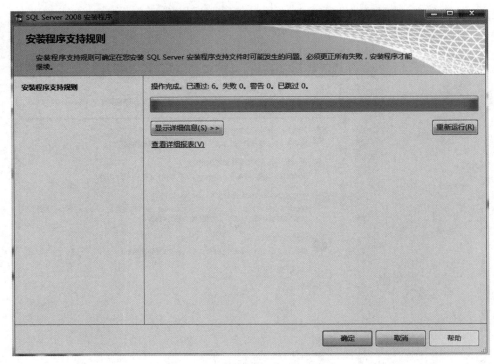

图5-5　安装程序支持规则

6）安装完成后，弹出"产品密钥"界面，输入产品密钥，如图5-6所示。

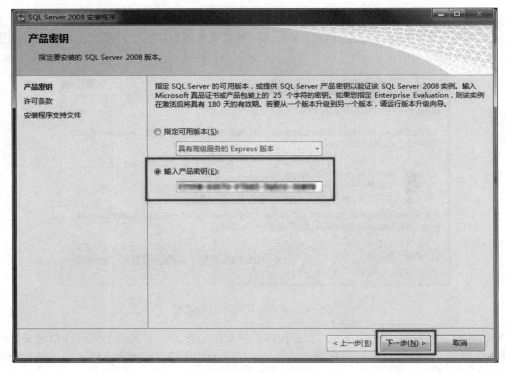

图5-6　输入产品密钥

7）单击"下一步"按钮进入"许可条款"界面，勾选"我接受许可条款"才能继续下一步安装，如图5-7所示。

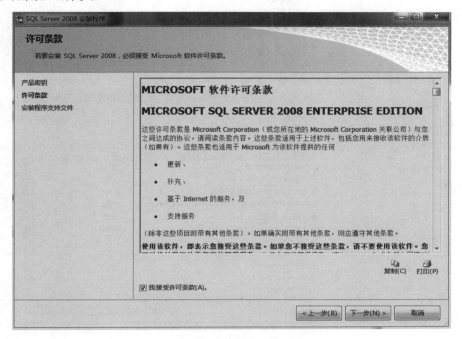

图5-7 许可条款界面

8）单击"下一步"按钮进入"安装程序支持文件"界面，检测并安装支持SQL Server 2008安装所需要的组件，如图5-8所示。

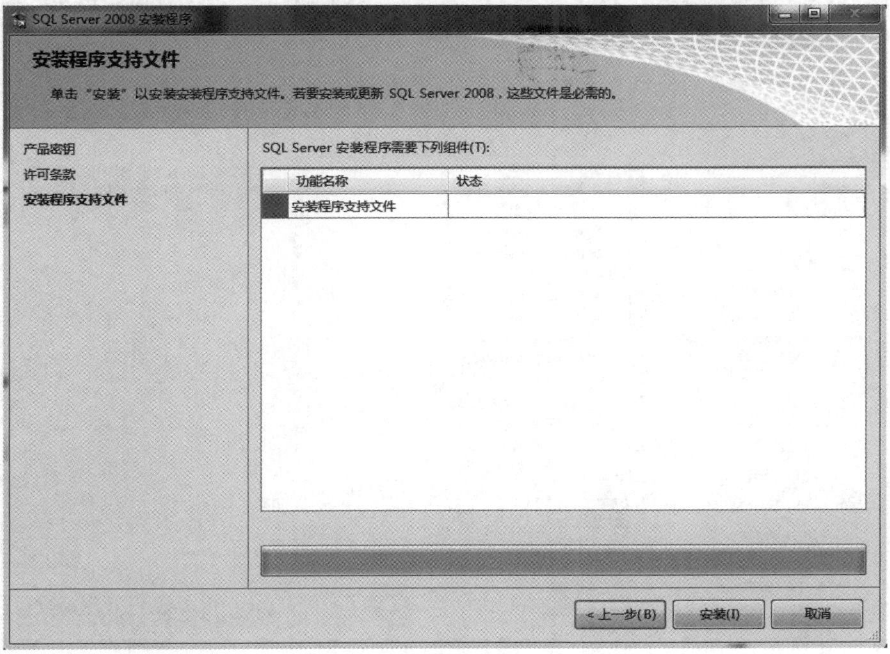

图5-8 安装程序支持文件

9）单击"安装"按钮，当检测都通过之后才能继续下一步安装，如果出现"未通过"错误，需要更正所有失败后才能继续安装，如图5-9所示。

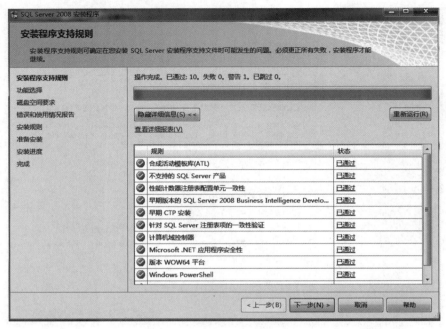

图5-9　安装程序支持规则

10）单进"下一步"按钮进入"功能选择"界面，单击"全选"按钮，"共享功能目录"保持默认设置，如图5-10所示。

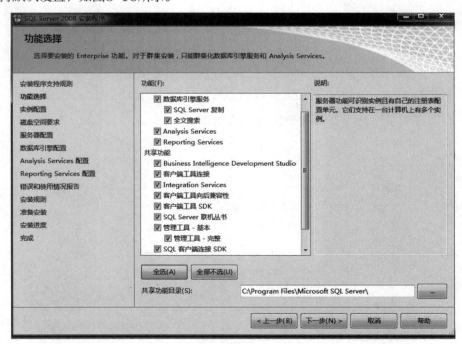

图5-10　功能选择

11）单击"下一步"按钮进入"实例配置"界面，选择"默认实例"，如图5-11所示。

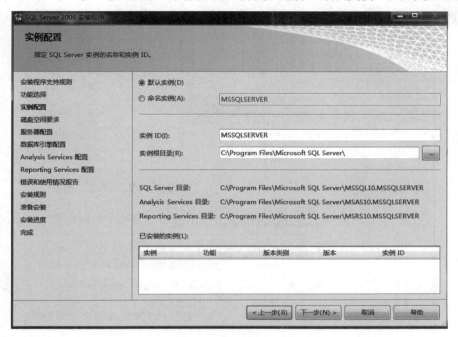

图5-11　实例配置

12）单击"下一步"按钮进入"磁盘空间要求"界面，显示出磁盘的使用情况，如图5-12所示。

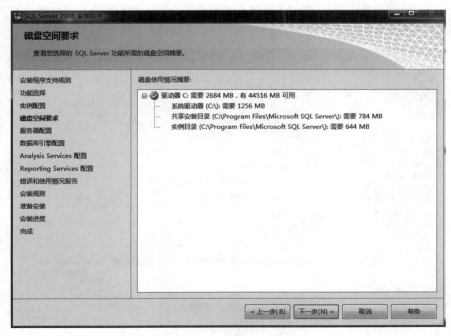

图5-12　磁盘空间要求

13）单击"下一步"按钮进入"服务器配置"界面，这里是比较容易出错的地方，单击

"对所有SQL Server服务使用相同的账户"按钮，并输入此PC的用户名和密码才能通过检测，如图5-13所示。

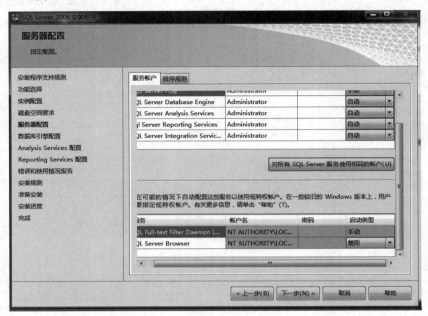

图5-13 服务器配置

14）单击"下一步"按钮进入"数据库引擎配置"界面，"身份验证模式"选择"混合模式（SQL Server 身份验证和 Windows 身份验证）"，并在"输入密码"和"确认密码"栏里输入"new land"，单击"添加当前用户"按钮，将当前用户添加到SQL Server管理员列表，如图5-14所示。

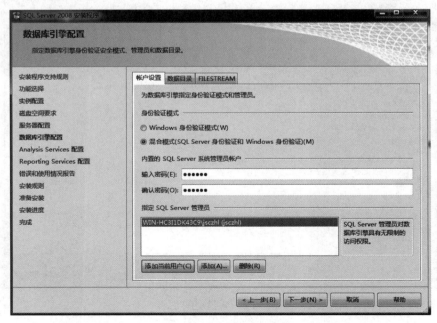

图5-14 数据库引擎配置

15）单击"下一步"按钮进入"Analysis Services 配置"界面，单击"添加当前用户"按钮，将当前用户添加到账户管理权限列表，如图5-15所示。

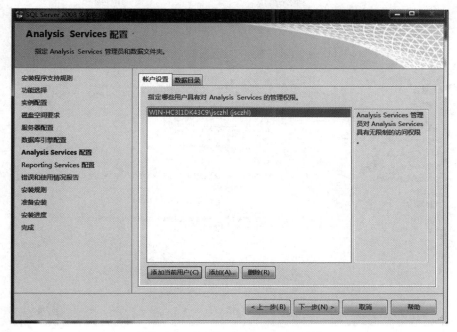

图5-15　Analysis Services配置

16）单击"下一步"按钮进入"Reporting Services配置"界面，选择"安装本机模式默认配置"，如图5-16所示。

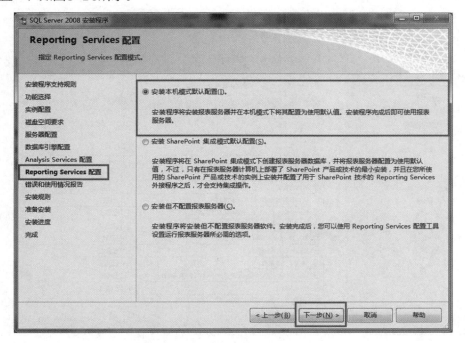

图5-16　Reporting Services配置

17）单击"下一步"按钮进入"错误和使用情况报告"界面，这里不勾选任何选项，如图5-17所示。

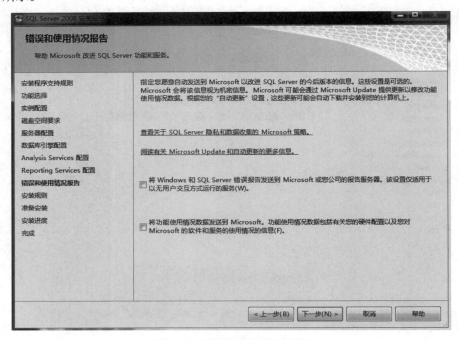

图5-17　错误和使用情况报告

18）单击"下一步"按钮进入"安装规则"界面，这里将根据功能配置选择再次进行安装环境的检测，如图5-18所示。

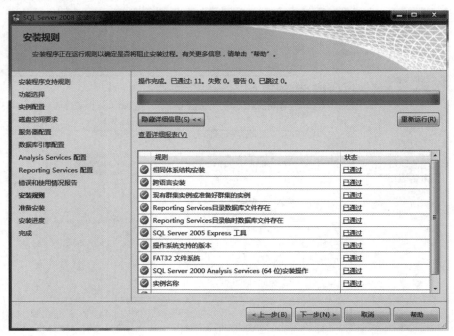

图5-18　安装规则

19）单击"下一步"按钮进入"准备安装"界面，通过检测后会列出所有配置信息，最后一次确认安装，如图5-19所示。

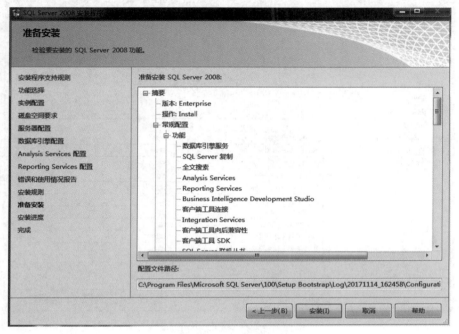

图5-19　准备安装

20）单击"安装"按钮进入"安装进度"界面，安装过程可能持续10～30min，如图5-20所示。

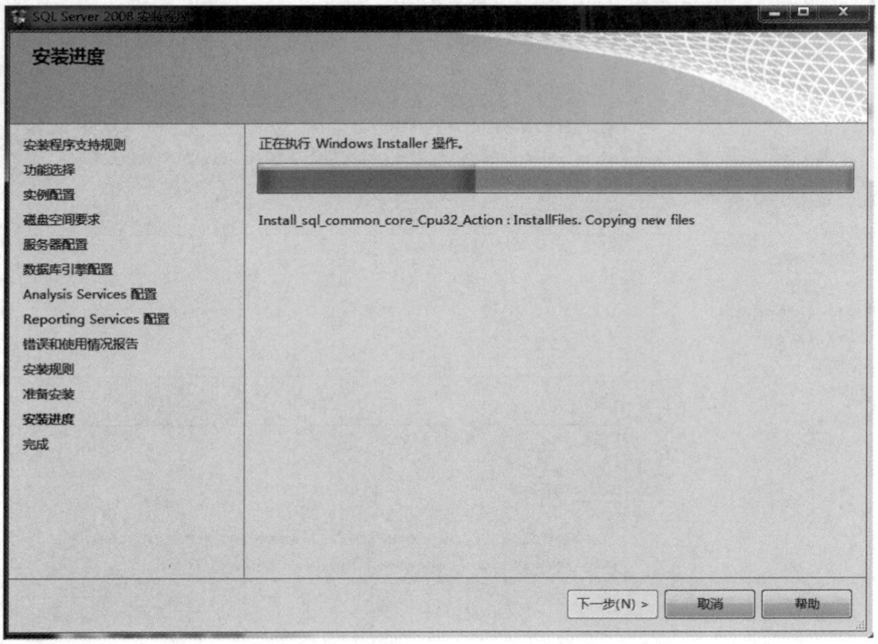

图5-20　安装进度

21）安装完成后，"安装进度"界面将显示各功能的安装状态，如图5-21所示。

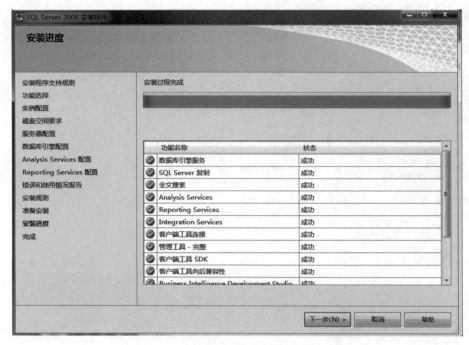

图5-21　安装进度

22）如图5-22所示，此时SQL Server 2008完成了安装，并将安装日志保存在了指定的路径下。

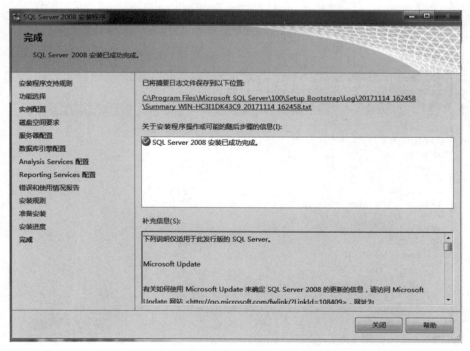

图5-22　安装完成

23）安装结束后需要对其数据库进行配置，执行菜单"开始"→"配置工具"→"配置管理器"命令，进入SQL Server的配置管理器。

MSSQLSERVER的协议中，TCP/IP与Shared Memory要开启如图5-23所示。SQL Server服务中的SQL Full-text Filter Daemon Launcher（MSSQLSERVER）、SQL Server（MSSQLSERVER）、SQL Server Browser、SQL Server代理（MSSQLSERVER）服务要开启，启动模式也要根据图5-24进行相应的修改，修改后配置就完成了。

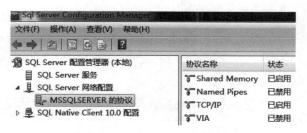

图5-23　SQL Server网络配置

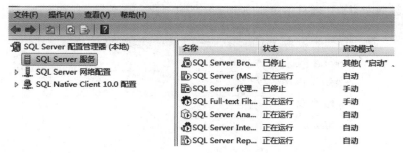

图5-24　SQL Server服务

2. 智慧社区管理系统数据库部署

1）确保服务器已经安装了Microsoft SQL Server 2008 R2数据库。

2）打开PC服务器进行数据库连接，服务器名称可通过以下步骤找到。

① 打开数据库，如图5-25所示。

图5-25　打开数据库

② 在"服务器名称"下拉列表中选择"浏览更多",如图5-26所示。

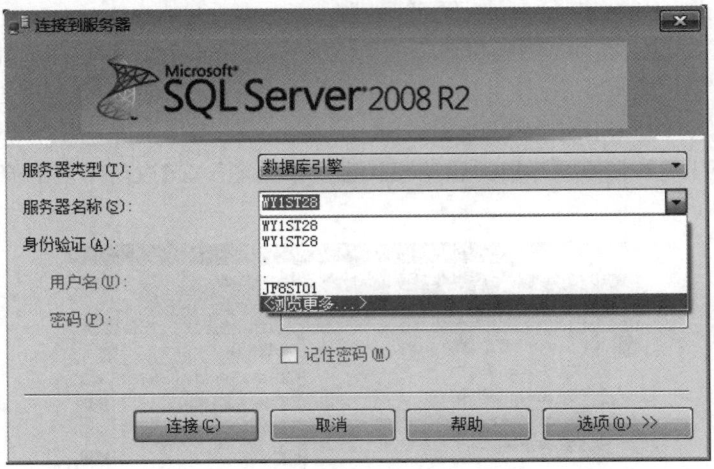

图5-26　选择服务器名称

③ 找到数据库引擎,看其下对应的是哪个名称,就选择哪个,如图5-27所示。

图5-27　选择数据库引擎

3)选择好后,用SQL Server身份进行连接,如图5-28所示。连接成功后如图5-29所示。

图5-28　SQL Server身份验证

图5-29　数据库连接成功

4）打开数据库 SQL Server，右击"数据库"，在弹出的快捷菜单中选择"附加"命令，如图5-30所示。

5）在"要附加的数据库"界面，单击"添加"按钮，找到智慧社区数据库脚本文件，单击"确定"按钮进行导入，如图5-31所示。

图5-30　选择附加　　　　　　　　　　　　图5-31　添加数据库脚本文件

6）附加成功，如图5-32所示。

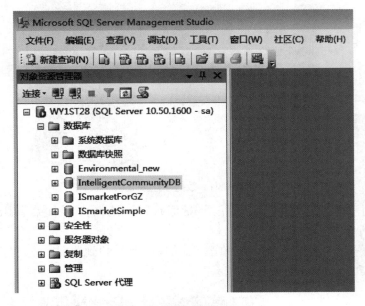

图5-32　添加数据库成功

3. IIS服务器的安装

1）打开"控制面板"→"程序和功能"，单击左侧列表的"打开或关闭Windows功能"，如图5-33所示。

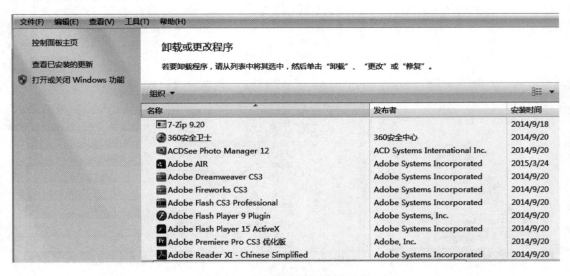

图5-33　打开控制面板程序功能

2）在"打开或关闭Windows功能"界面，将"Internet Information Services可承载的Web核心"选上，将"Internet 信息服务"里面所有能选的项全部选上，直到"Internet 信息服务"前的框中出现"√"，如图5-34所示。

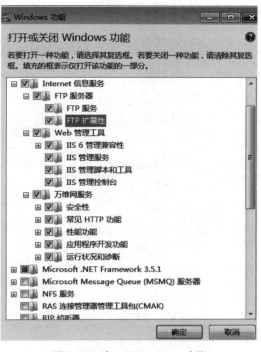

图5-34　打开Windows功能

3）单击"确定"按钮进行安装，安装完成后关闭控制面板。

4. dotNetFramework 4.5安装

1）双击打开.Net安装包"dotnetfx45_full_x86_x64.exe"，如图5-35所示。

dotnetfx45_full_x86_x64.exe

图5-35　dotNetFramework4.5安装包

2）安装程序打开后，勾选"我已阅读并接受许可条款"，如图5-36所示。

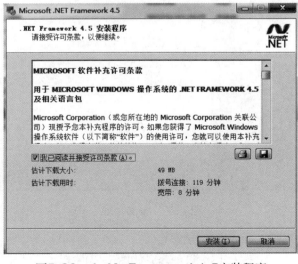

图5-36　dotNetFramework4.5安装程序

3）单击"安装"按钮开始安装，并显示安装进度界面，如图5-37所示。

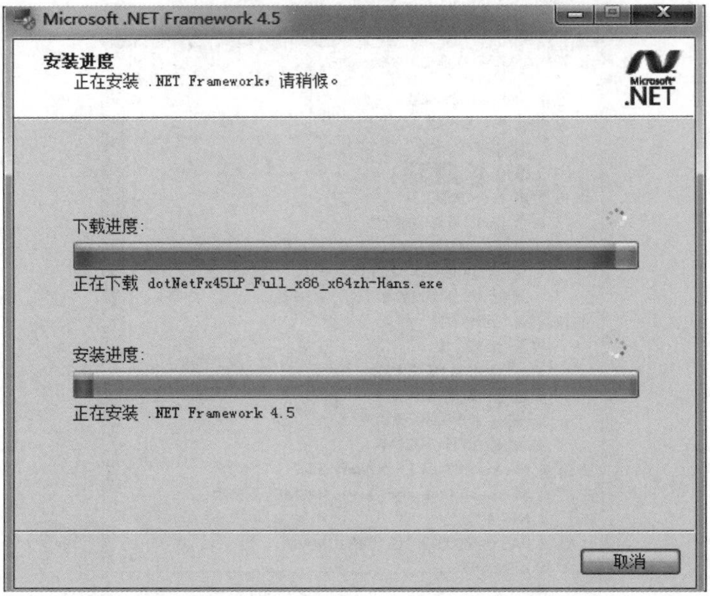

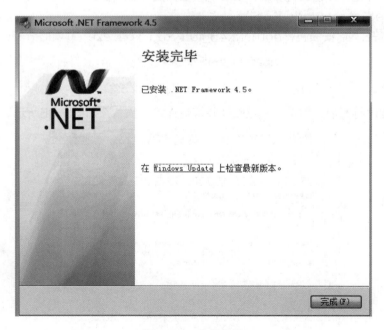

图5-37　安装进度

4）安装完毕后，单击"完成"按钮结束安装，如图5-38所示。

图5-38　安装完毕

5. 智慧社区管理系统—Web服务端部署

1）打开Internet信息服务（IIS）管理器，如图5-39所示。

图5-39 Internet信息服务（IIS）管理器

2）配置智慧社区的Web，在IIS上找到Default Web Site，单击"基本设置"按钮，如图5-40所示。

3）弹出"编辑网站"对话框，如图5-41所示。其中，"应用程序池"选择"ASP.NET v4.0"，"物理路径"选择智慧社区的Community文件的路径，设置完成后单击"确定"按钮。

4）找到Community的文件夹或者直接在IIS的Default Web Site网站上右击，选择"浏览"命令，找到并打开Web.config，找到如图5-42所示这一段，将里面的内容改为当前配置的数据库的名称、用户名、密码以及服务器IP地址，"user id"是数据库用户名，"password"是密码；"data source"是数据库IP地址，将其改成实际部署数据库的服务器IP地址。

图5-40 Default Web Site基本设置

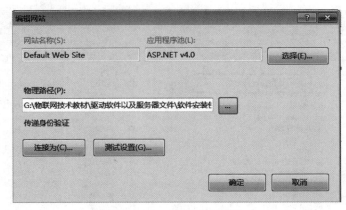

图5-41　编辑网站配置

```
<?xml version="1.0" encoding="utf-8"?>
<!--
  有关如何配置 ASP.NET 应用程序的详细信息，请访问
  http://go.microsoft.com/fwlink/?LinkId=169433
  -->

<configuration>
  <appSettings>
    <add key="webpages:Version" value="2.0.0.0" />
    <add key="webpages:Enabled" value="false" />
    <add key="PreserveLoginUrl" value="true" />
    <add key="ClientValidationEnabled" value="true" />
    <add key="UnobtrusiveJavaScriptEnabled" value="true" />
  </appSettings>
  <connectionStrings>
    <add name="IntelligentCommunityDBEntities" connectionString="metadata=res://*/ICSDBContainer.csdl|
res://*/ICSDBContainer.ssdl|res://*/ICSDBContainer.msl;provider=System.Data.SqlClient;provider connection string=&quot;data
source=10.140.77.28;initial catalog=IntelligentCommunityDB;user
id=sa;password=123456;MultipleActiveResultSets=True;App=EntityFramework&quot;" providerName="System.Data.EntityClient" />
```

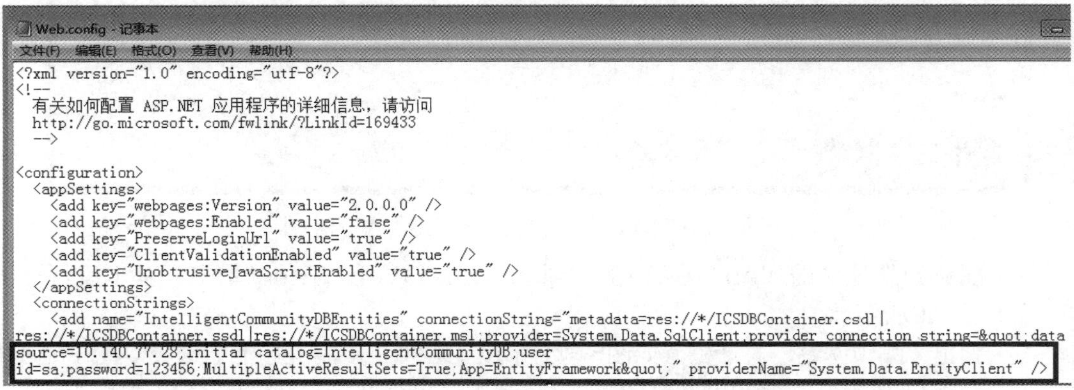

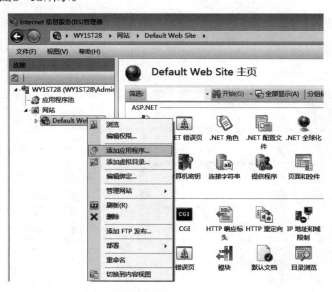

图5-42　修改配置

5）配置商超的Web，在Default Web Site网站上右击，打开快捷菜单，选择“添加应用程序”命令，如图5-43所示。

图5-43　添加应用程序

6）弹出"添加应用程序"对话框，"别名"这里必须取为"ISmarketForGZ"，"应用程序池"选择"ASP.NET v4.0"，"物理路径"选择商超Web文件下的中心服务器发布文件夹路径，配置完成后，单击"确定"按钮，如图5-44所示。

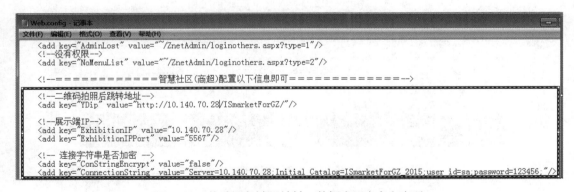

图5-44　设置应用程序池的物理路径

7）找到"Service（商超Web）V1.0.0.0-2014.12.29\中心服务器发布"的文件夹或者直接在IIS上添加的商超的应用程序上右击，选择"浏览"命令，打开找到Web.config。其中，展示端IP需要修改为实际中连接的展示端IP，另外，服务端的IP是实际服务端的IP地址，服务端数据库的用户名、密码填写连接的数据库的用户名和密码，如图5-45所示。

```
Web.config - 记事本
文件(F)  编辑(E)  格式(O)  查看(V)  帮助(H)
    <add key="AdminLost" value="~/ZnetAdmin/loginothers.aspx?type=1"/>
    <!--没有权限-->
    <add key="NoMenuList" value="~/ZnetAdmin/loginothers.aspx?type=2"/>

    <!--==============智慧社区(商超)配置以下信息即可==============-->

    <!--二维码拍照后跳转地址-->
    <add key="YDip" value="http://10.140.70.28/ISmarketForGZ/"/>

    <!--展示端IP-->
    <add key="ExhibitionIP" value="10.140.70.28"/>
    <add key="ExhibitionIPPort" value="5567"/>

    <!-- 连接字符串是否加密 -->
    <add key="ConStringEncrypt" value="false"/>
    <add key="ConnectionString" value="Server=10.140.70.28;Initial Catalog=ISmarketForGZ_2015;user_id=sa;password=123456;"/>
```

图5-45　修改服务端IP地址、数据库用户名和密码

8）网站添加及配置完后，进入智慧社区网页进行模拟量、数据量等端口的配置，在IIS中选择Default Web Site，单击右侧"操作"列表中的"浏览*：80（http）"选项，如图5-46所示。

图5-46　点击浏览*: 80（http）

9）进入"智慧社区系统配置"Web网页，如图5-47所示。

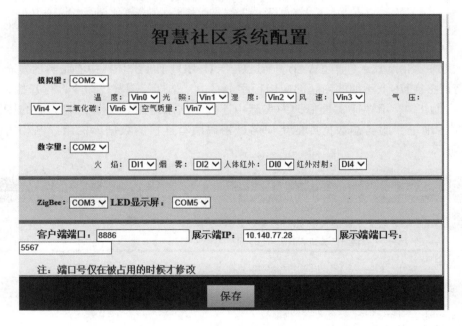

图5-47　服务端配置

根据实际中具体的硬件连接，选择正确的端口进行配置。

6. 智慧社区管理系统—展示端部署

1）找到展示端安装应用程序，双击进行安装，如图5-48所示。

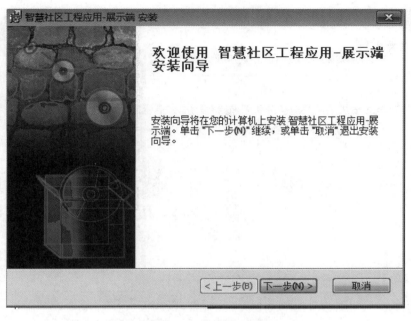

图5-48　双击展示端应用程序

2）单击"下一步"按钮，进入如图5-49所示界面。

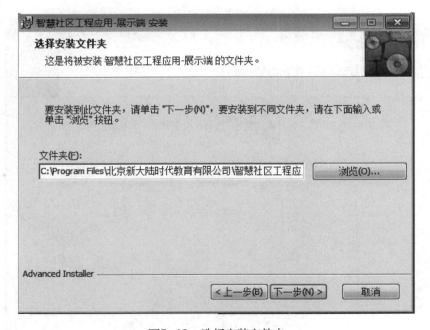

图5-49　选择安装文件夹

3）单击"下一步"按钮，进入如图5-50所示界面。

项目一

项目二

项目三

项目四

项目五

项目六

项目七

项目八

项目九

附录

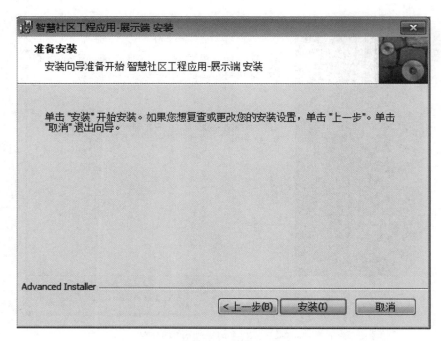

图5-50 准备安装

4）单击"安装"按钮，进入如图5-51所示界面。

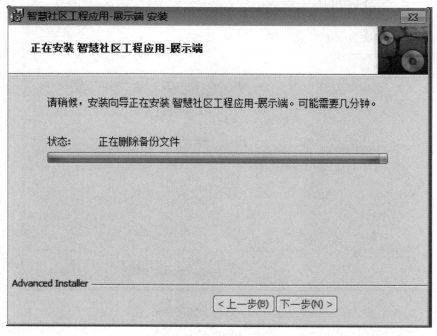

图5-51 正在安装

5）安装完成。

6）打开展示端的安装目录，找到AppConfig.xml文件，如图5-52所示。

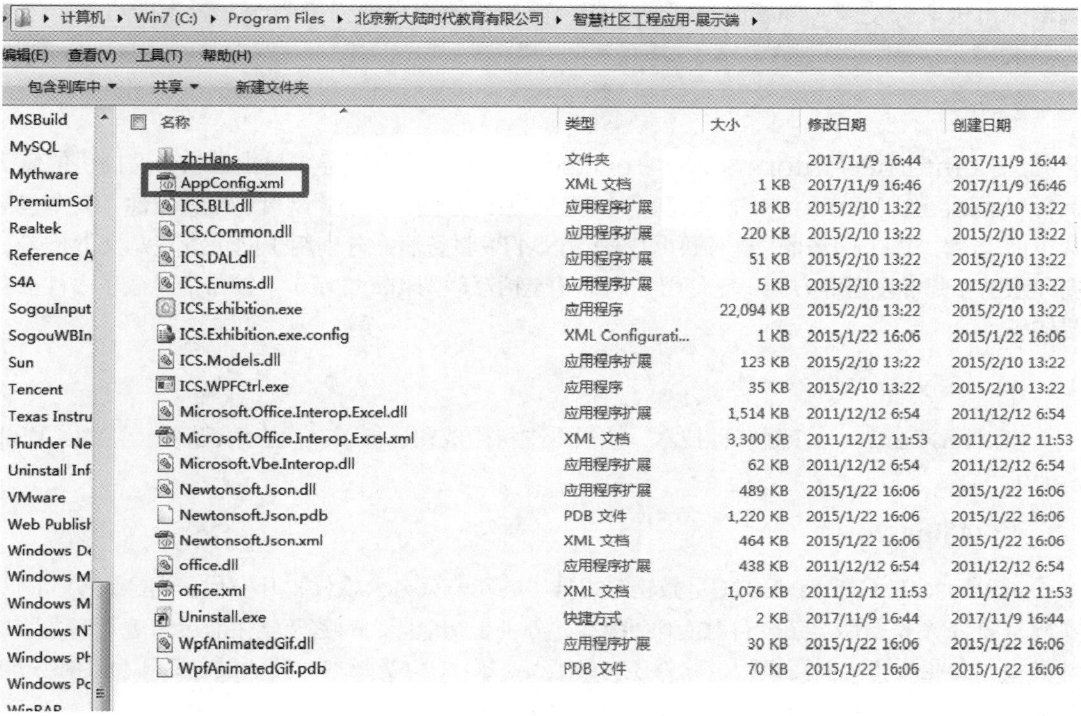

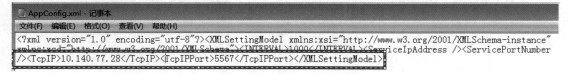

图5-52　查找AppConfig.xml文件

7）以记事本方式打开文件，如图5-53所示。其中TcpIP的值设置成展示端安装所在的PC的IP地址，TcpIPPort默认不变。

图5-53　用记事本打开AppConfig.xml文件

知识补充

1. Microsoft SQL Server 2008

SQL Server系列软件是Microsoft公司推出的关系型数据库管理系统。SQL Server 2008 版本可以将结构化、半结构化和非结构化文档的数据直接存储到数据库中，可以对数据进行查询、搜索、同步、报告和分析等多种操作。其特点主要有以下3点。

1）可信任的。使得公司可以以很高的安全性、可靠性和可扩展性来运行其最关键任务的应用程序。

2）高效的。使得公司可以降低开发和管理数据基础设施的时间和成本。

3）智能的。提供了一个全面的平台，可以在用户需要的时候向其发送观察的信息。

项目一　项目二　项目三　项目四　项目五　项目六　项目七　项目八　项目九　附录

目前已知的SQL Server 2008 R2的版本有：企业版、标准版、工作组版、Web版、开发者版、Express版、Compact 3.5版。除了按照需求选择外，对于开发者，开发测试时可选取开发版，部署时选择企业版，而一般的用户选择Express版本即可满足常见的需求。

2. IIS

IIS（Internet Information Services，互联网信息服务）是由微软公司提供的基于运行Microsoft Windows的互联网基本服务。IIS是一种Web（网页）服务组件，其中包括Web服务器、FTP服务器、NNTP服务器和SMTP服务器，分别用于网页浏览、文件传输、新闻服务和邮件发送等方面，它使得在网络（包括互联网和局域网）上发布信息成了一件很容易的事。

3. dotNetFramework

dotNetFramework是一种技术，该技术支持生成和运行下一代应用程序和 XML Web Services。

4. Office 2010

Microsoft Office 2010是微软公司推出的新一代办公软件，开发代号为Office 14，实际是第12个发行版。该软件共有6个版本，分别是初级版、家庭及学生版、家庭及商业版、标准版、专业版和专业高级版，此外还有Office 2010免费版本，其中仅包括Word和Excel应用。

5. PDA

PDA（Personal Digital Assistant）又称为掌上电脑，可以帮助我们实现在移动中工作、学习、娱乐等。根据用途的不同，可将PDA分为工业级PDA和消费品PDA。工业级PDA主要应用在工业领域，常见的有条码扫描器、RFID读写器、POS机等；消费品PDA包括的品类比较多，常见的有智能手机、平板电脑、手持游戏机等。

6. SQL Server 2008 R2附加数据库失败解决方案

（1）方案一。

找到要添加数据库的.mdf文件，单击鼠标右键，选择"属性"命令。

在"属性页面"单击"安全"按钮，选择"Authenticated Users"，单击"编辑"按钮。

Authenticated Users权限中选择"完全控制"，单击"确定"按钮，单击属性界面的"确定"按钮。

同样，右键点击数据库的.ldf文件，打开"属性"对话框。按以上步骤再次设置即可。

（2）方案二。

打开数据库实例的安装目录，打开DATA文件夹（如目录地址为：C:\Microsoft SQL Server\MSSQL10.MSSQLSERVER\MSSQL\DATA）。将要附加的数据库mdf文件和ldf文件，直接剪切或复制到DATA文件夹里。

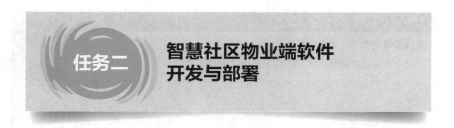

任务描述

首先正确安装配置智慧社区PC端（物业端）软件、PDA端运行环境与软件；然后安装PC端相关设备驱动、常用办公软件Office 2010。

任务实施

1. PC端（物业端）软件安装

1）找到物业端应用安装包，双击进行安装，如图5-54所示。

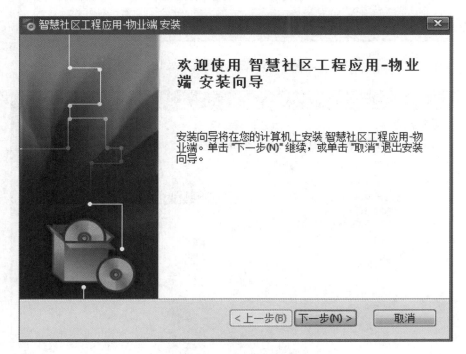

图5-54　开始安装物业端软件

2）单击"下一步"按钮，进入如图5-55所示的界面。

3）单击"下一步"按钮，进入如图5-56所示的界面。

4）单击"安装"按钮，进入如图5-57所示的界面。

5）安装完成后，双击应用程序图标，打开物业端应用程序，进入登录界面，如图5-58

所示。

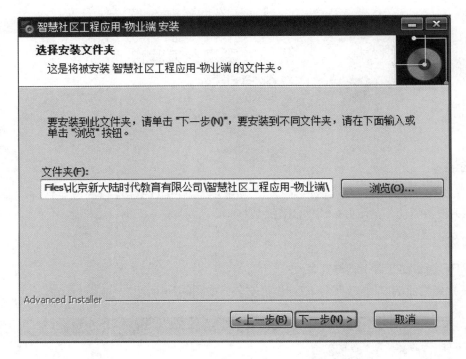

图5-55　选择安装文件夹

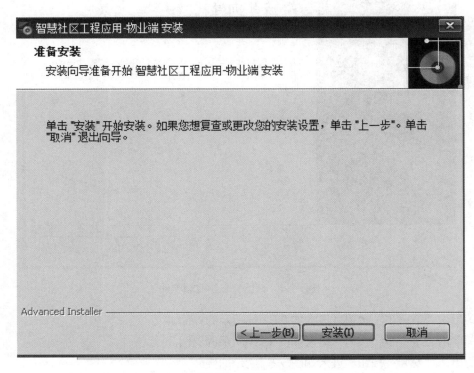

图5-56　准备安装

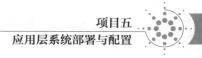

图5-57　正在安装

图5-58　物业端应用程序登录界面

6）在"设置"对话框中设置服务端IP地址和摄像头IP地址，如图5-59所示。

7）使用数据库中事先添加的用户名（test）、密码（123）登录系统，如图5-60所示。

图5-59　设置服务端和摄像头IP地址

图5-60　登录系统

8）商超硬件连接配置，打开智慧社区物业端应用程序的安装目录，找到PcStore Client文件夹，如\Newland\IntelligentCommunitySystem\PcStoreClient，找到配置文件PcStoreClient.xml，根据具体情况修改图5-61中画框的部分。

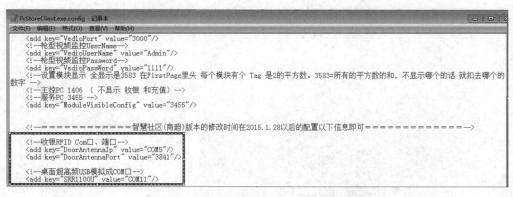

图5-61　PcStoreClient配置文件

2. PDA端运行环境部署与软件安装

1）在主控PC中找到盘点PDA相关工具下的PDA驱动软件，根据连接的计算机是32位还是64位，选择Windows Mobile设备中心For X86.exe或者Windows Mobile设备中心For X64.exe，双击进行安装，如图5-62所示。

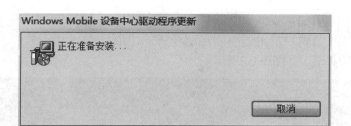

图5-62　安装PDA驱动程序

2）安装完成后，将PDA用USB连接线连接到计算机上，可以看到驱动安装完成，如图5-63所示。

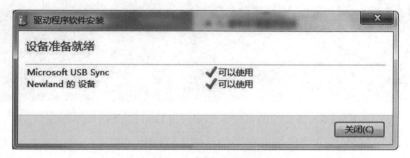

图5-63　PDA驱动程序安装完成

3）打开"我的电脑"，可以看到出现PDA便携式设备的图标，如图5-64所示。

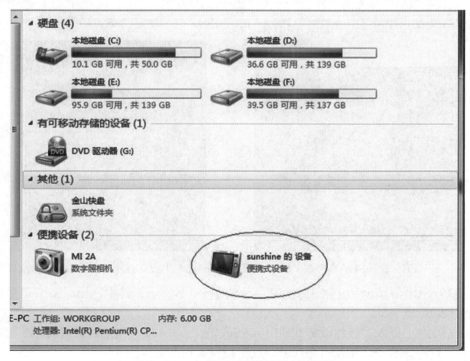

图5-64　出现PDA便携式设备的图标

4）双击进入设备，将NETCFv35.Messages.zh-CHS.cab和NETCFv35.wce.

arm4.cab文件复制进PDA。

5）然后再将PDA客户端主程序Client（WindowCE）SetupV1.0.0.1.CAB放到PDA的某一个文件夹下，如图5-65所示。

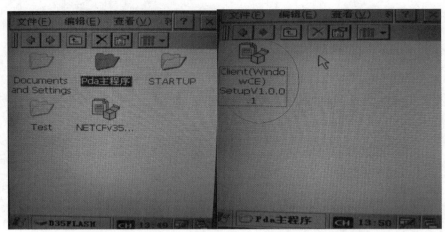

图5-65　拷贝PDA客户端主程序到PDA目录下的文件夹中

6）通过PDA找到PDA客户端主程序Client（WindowCE）SetupV1.0.0.1.CAB，双击进行安装，如图5-66所示。可以看出安装后生成的文件名为Supermarket Client，文件目录在"\Program Files"下，单击"OK"按钮，开始安装。

7）安装完成后，原先的文件Client（WindowCE）SetupV1.0.0.1.CAB没有了，生成的文件Supermarket Client在"\Program Files"下，如图5-67所示。

图5-66　安装PDA客户端主程序　　图5-67　生成Supermarket Client文件夹

8）打开Supermarket Client文件，如图5-68所示，其中Pdaclient是主程序，PdaConfig是配置工具。

9）在PDA上进入"我的设备/D35FLASH/test/"，安装刚刚放进去的NETCFv35.Messages.zh-CHS.cab和NETCFv35.wce.arm4.cab文件。

10）安装完成后，在PDA上进入"我的设备/D35FLASH/test/"，找到commMgr图标，如图5-69所示。

图5-68　打开Supermarket Client文件

图5-69　查找commMgr图标

11）双击图标并打开，选中"Enable Wlan"按钮打开网络，如图5-70所示。

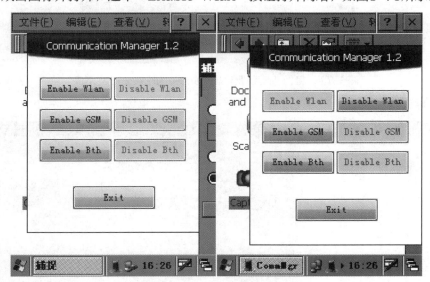

图5-70　打开网络

12）双击进入"网络连接"界面，选择"无线信息"命令，打开搜索到的无线路由器列表，选中我们要使用的路由器，点击连接。

13）单击桌面的IE图标，访问192.168.1.1，如果能够显示路由器的配置页面就说明PDA已经成功连上网络，未成功请重新配置PDA。

14）网络连接成功后，进入事先放到PDA目录中的PDA商超的应用程序包，找到PdaConfig.exe，如果能够正常运行，那么就说明 PDA 的.NET 环境安装完成。

15）在输入框中输入http//192.168.1.120/ISmarketForGZ/serviceXML/WebSer viceXML.asmx，然后单击"设置"按钮，PDA配置完成。

3．PC端相关设备驱动安装

（1）网络摄像头安装配置。

1）找到新款的摄像头安装软件IPCamSetup.exe，安装完成后，在开始菜单下找到生成的应用程序，如图5-71所示。

图5-71　摄像头安装软件IPCamSetup.exe安装完成

2）软件打开后如图5-72所示。

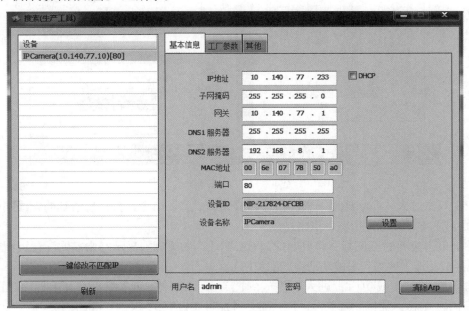

图5-72　打开网络摄像头

可刷新获取摄像头IP地址，在"基本信息"中可对IP地址等信息进行修改，这里注意：一定要将摄像头基本信息中的端口设置为80，因为网页打开的默认端口是80，如果摄像头没有设为80，摄像头连接的地址须加上端口号，但应用程序的配置中只有摄像头IP地址的配置，所以得把摄像头的端口改为80，否则无法连接上。修改后，单击"设置"按钮，摄像头设置成功。

3）通过Web方式输入摄像头链接地址http://10.140.77.233，打开摄像头的网页设置界面，单击"登录"按钮，如图5-73所示。

图5-73　通过网页登录摄像头

4）单击图5-73中的齿轮状的设置图标，进入如图5-74所示的"设置"界面。

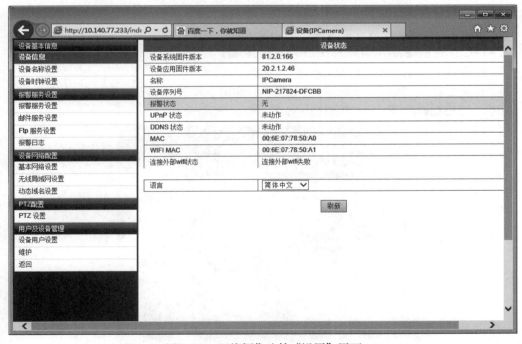

图5-74　网络摄像头的"设置"界面

5）选择图5-74"设置"界面左侧列表"设备网络配置"中的"基本网络设置"，进入如图5-75所示的界面。

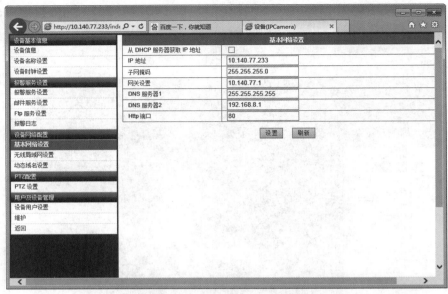

图5-75 "基本网络设置"界面

4．小票打印机安装配置

1）将条码扫描枪组装完成。

2）将条码扫描枪的USB接口与服务端PC连接。

3）连上之后，将会听见扫描枪"嘀嘀嘀"地响几声。

4）这表示条码扫描枪安装完成。

5）将小票打印机与电源连接起来。

6）用USB连接线将小票打印机和服务端PC连接。

7）在服务PC上运行小票打印机驱动。

8）安装完成后，选择"开始"→"设备和打印机"命令。可以看到多了一台名为XP-58的打印机，点击右键选择"打印机属性"命令，如图5-76所示。

图5-76 选择打印机属性

9）单击"XP-58属性"对话框中的"端口"选项卡，勾选"USB001 USB虚拟打印机端口"，如图5-77所示。

10）然后进行打印测试，如果打印成功，就说明打印机安装完成。

11）打开条码测试Word文档，执行菜单命令"文件"→"打印"，如图5-78所示。

图5-77　设置打印机端口　　　　　　　　　　图5-78　打印条码测试文档

12）打印机选择刚安装的XP-58，然后单击"打印"按钮，如图5-79所示。

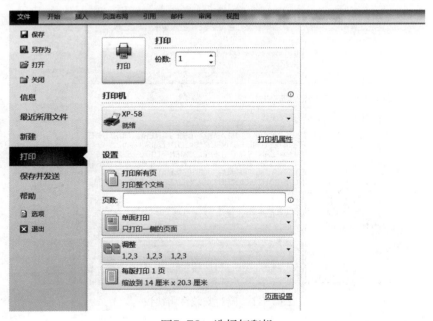

图5-79　选择打印机

13）这时小票打印机会开始打印里面的条码。

14）打开一个记事本，用条码扫描枪扫描打印出来的条码，会看到记事本里面显示出这些条码。

5. 超高频桌面读卡器安装配置

1）找到超高频桌面读卡器的驱动软件CP210x_VCP_Win7_8.exe，双击安装，如图5-80所示。

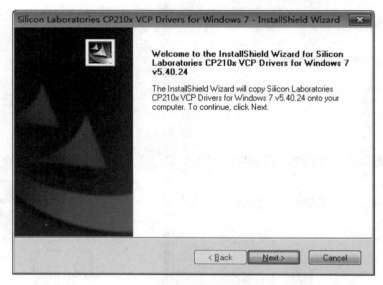

图5-80　安装驱动软件

2）单击选中"同意安装许可协议"前的单选按钮，单击"Next"按钮进入下一步，如图5-81所示。

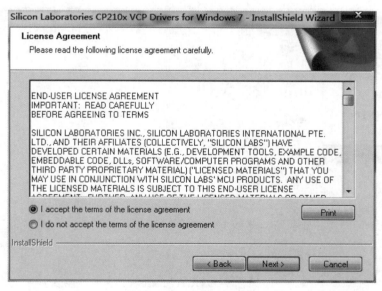

图5-81　同意安装许可协议

3）设置安装目录，单击"Next"按钮进入下一步，如图5-82所示。

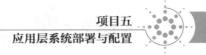

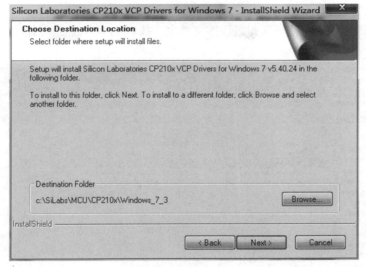

图5-82 设置安装目录

4）单击"Install"按钮，执行安装，如图5-83所示。

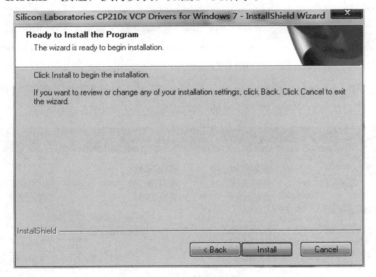

图5-83 执行安装

5）单击"Finish"按钮，跳出新的对话框，单击"Install"按钮，如图5-84所示，完成安装。

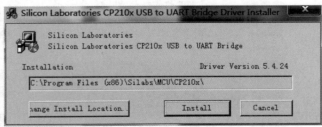

图5-84 完成安装

项目一 项目二 项目三 项目四 项目五 项目六 项目七 项目八 项目九 附录

6. RFID安装配置

1）打开超高频中距离读写器配置程序文件夹，找到UHFReader18demomain.exe，如图5-85所示。

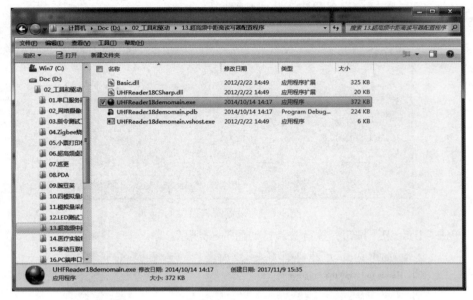

图5-85　找到UHFReader18demomain.exe

2）打开UHFReader18demomain.exe运行程序，自动获取RFID连接到串口服务器上的COM口，将RFID的"工作模式"设置成"应答模式"，如图5-86所示。

图5-86　设置工作模式

7. 办公软件安装

智慧社区软件在运行过程中有一些数据导出的操作，所以需要安装办公软件，不然无法进行导出，办公软件建议安装 Microsoft Office 2010及以上版本。

1）选中Office 2010安装程序压缩包，右击选中解压到Office 2010，如图5-87所示。

名称 ^	修改日期	类型	大小
Access.zh-cn	2014/7/18 13:34	文件夹	
Admin	2014/7/18 13:34	文件夹	
Catalog	2014/7/18 13:34	文件夹	
Excel.zh-cn	2014/7/18 13:34	文件夹	
Groove.zh-cn	2014/7/18 13:34	文件夹	
InfoPath.zh-cn	2014/7/18 13:34	文件夹	
Office.zh-cn	2014/7/18 13:34	文件夹	
Office64.zh-cn	2014/7/18 13:34	文件夹	
OneNote.zh-cn	2014/7/18 13:34	文件夹	
Outlook.zh-cn	2014/7/18 13:34	文件夹	
PowerPoint.zh-cn	2014/7/18 13:34	文件夹	
Proofing.zh-cn	2014/7/18 13:34	文件夹	
ProPlus.WW	2014/7/18 13:34	文件夹	
Publisher.zh-cn	2014/7/18 13:34	文件夹	
Rosebud.zh-cn	2014/7/18 13:34	文件夹	
Updates	2014/7/18 13:34	文件夹	
Word.zh-cn	2014/7/18 13:34	文件夹	
autorun.inf	2010/3/22 12:24	安装信息	1 KB
Office_2010_激活工具.zip	2012/10/3 8:59	WinRAR ZIP 压缩...	18,617 KB
README.HTM	2010/3/17 17:04	360 Chrome HT...	2 KB
setup.exe	2010/3/12 11:44	应用程序	1,075 KB
sn.txt	2012/10/3 8:54	文本文档	1 KB

图5-87　选中Office 2010安装程序压缩包

2）在解压文件夹中双击setup.exe，出现用户账户控制提示，单击"是"按钮继续，如图5-88所示。

图5-88　双击运行setup.exe

3）勾选"我接受此协议的条款"，单击"继续"按钮，如图5-89所示。

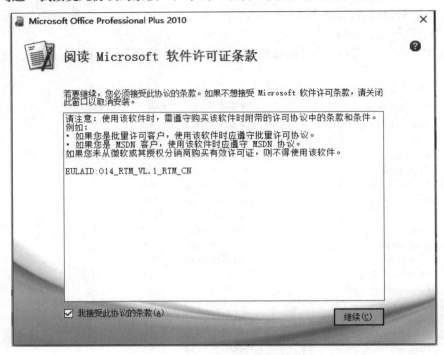

图5-89　同意许可证条款

4）出现"选择所需的安装"对话框，单击"立即安装"按钮，如图5-90所示。

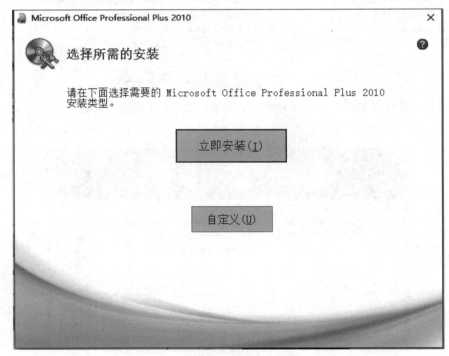

图5-90　选择立即安装

5）开始安装复制文件，复制过程中不需要操作，如图5-91所示。

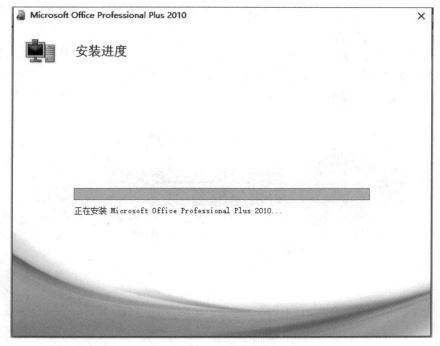

图5-91　安装进度

6）文件复制完毕后出现下图，单击"关闭"按钮完成Office 2010的安装，如图5-92所示。

图5-92　安装完成

知识补充

网络监控系统的安装传输方式有以下4种：

1）传统方式，网络摄像机+电源+网线；

2）PoE供电方式，网络摄像机+PoE交换机；

3）远距离的情况下，网络摄像机+光纤+收发器；

4）无线传输方式，摄像机+无线网桥。

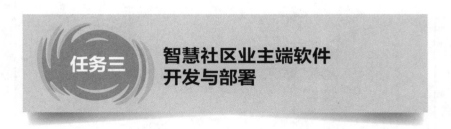

任务描述

首先在PC端成功安装豌豆荚同步软件，然后正确安装配置智慧社区移动端程序、智慧社区手机端程序。

任务实施

1. 移动互联终端（实验箱）介绍

一般的物联网移动互联终端（实验箱）结构如图5-93所示，包括显示器、模拟手机功能按键、键盘、Wi-Fi模块、蓝牙模块、3G模块、VGA接口、USB接口、mini USB接口等部分。

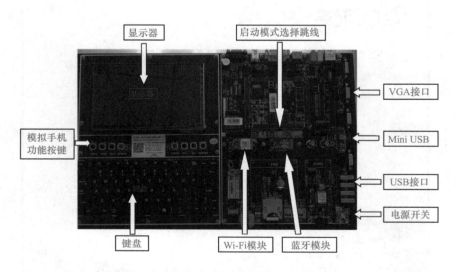

图5-93　移动互联终端（实验箱）结构图

其中显示器用于显示相关信息；模拟手机功能按键用于模拟安卓手机的功能键，实现安卓手机的功能；Wi-Fi模块用于接收无线网络信号；蓝牙模块用于接收蓝牙信号；3G模块用于接收3G信号；VGA接口用于输出VGA信号；USB接口用于连接USB设备，mini USB接口用于连接计算机；启动模式指南用于提示设置启动模式针脚。

移动互联终端（实验箱）使用的操作系统是Android操作系统，使用的处理器是ARM系列处理器，实质上它就是一个功能和接口扩展版的安卓手机。

2. 豌豆荚同步软件安装

1）百度搜索关键词"豌豆荚"，结果如图5-94所示。

图5-94　搜索"豌豆荚"官方网站

2）打开豌豆荚同步软件的官方网站，单击"电脑版下载"按钮，如图5-95所示。

图5-95　点击下载电脑版豌豆荚

3）设置软件的保存路径，然后单击"下载并运行"按钮，如图5-96所示。

图5-96　下载并运行软件

4）单击"立即安装"按钮，如图5-97所示。

5）安装完成后，单击"立即体验"按钮，如图5-98所示。

图5-97　安装豌豆荚 　　　　　图5-98　体验豌豆荚软件

6）用数据线将移动互联终端（实验箱）与安装豌豆荚的计算机连接起来。

7）在移动互联终端（实验箱）开启USB调试功能。

8）下载并安装腾讯新闻安卓版软件，如图5-99所示。

图5-99　腾讯新闻安卓版软件

9）打开豌豆荚同步软件，在"应用管理"栏中单击"添加本地应用"，根据本地腾讯新闻安卓版软件的安装程序路径，将其选中并打开，如图5-100所示。

图5-100　同步安装软件

10）移动互联终端（实验箱）屏幕上出现腾讯新闻APP图标，表示安装成功，如图5-101所示。

图5-101　同步安装软件完成

3. 智慧社区移动端程序安装部署

水产养殖移动版的安装

1）用移动互联终端（实验箱）自带的文件管理器，打开水产养殖移动版应用程序——水产养殖v1.0.0.apk，如图5-102所示。

图5-102　打开水产养殖移动版应用程序

2）单击"安装"按钮，如图5-103所示。

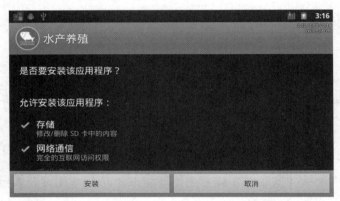

图5-103　点击安装

3）单击"完成"按钮，就完成了水产养殖移动版的安装，如图5-104所示。

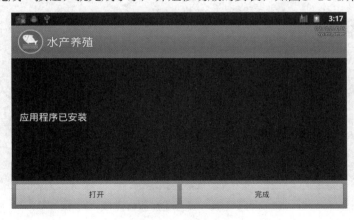

图5-104　完成安装

2. 智慧社区业主端的安装

1）用移动互联终端（实验箱）自带的文件管理器，打开智慧社区业主端移动版应用程序——智慧社区工程应用—业主端v1.0.0.9.20161028.apk，如图5-105所示。

图5-105 打开智慧社区业主端应用程序

2）单击"安装"按钮，如图5-106所示。

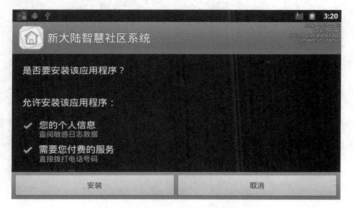

图5-106 安装智慧社区业主端

3）单击"完成"按钮，就完成了智慧社区业主端移动版的安装，如图5-107所示。

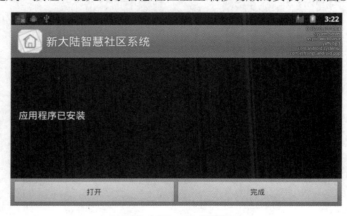

图5-107 完成安装

3. 智能家居移动版的安装

1）用移动互联终端（实验箱）自带的文件管理器打开智能家居移动版应用程序——智能家居v1.0.0.apk，如图5-108所示。

图5-108　打开智能家居移动版

2）单击"安装"按钮，如图5-109所示。

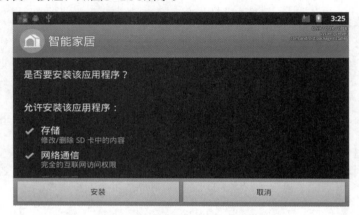

图5-109　安装智能家居移动版

3）单击"完成"按钮，就完成了智能家居移动版的安装，如图5-110所示。

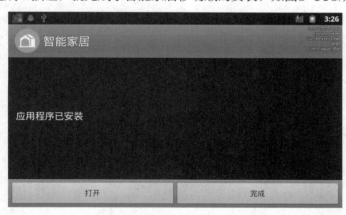

图5-110　完成安装

4．智慧社区手机端程序安装部署

手机商超安装

1）用移动互联终端（实验箱）自带的文件管理器，打开新版商超手机版安装程序——新版商超v1.0.apk，如图5-111所示。

图5-111　打开手机商超手机版

2）单击"安装"按钮，如图5-112所示。

图5-112　安装手机版手机商超

3）单击"完成"按钮，如图5-113所示。

图5-113　完成安装

4）移动互联终端应用程序列表里出现手机商超软件图标，表明安装成功，如图5-114所示。

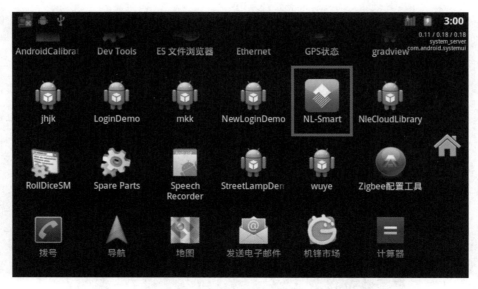

图5-114　手机商超安装成功

知识补充

PDA的选取依据：

1）根据应用领域的使用范围；

2）译码规模；

3）接口要求；

4）首读率的支持；

5）价格。

项目评价表见表5-1。

表5-1　项目评价表

任　务	要　求	权　重	评　价
数据库、服务器和应用软件安装	Microsoft SQL Server 2008数据库、dotNetFramework 4.5、IIS服务器、PC端相关设备驱动、Office 2010、豌豆荚同步软件的安装	30%	
系统配置	智慧社区管理系统数据库、智慧社区管理系统-Web服务端、智慧社区管理系统-展示端的配置	30%	
PC端安装配置	智慧社区PC端（物业端）软件、PDA端运行环境与软件的安装配置	20%	
移动端安装配置	智慧社区移动端程序、智慧社区手机端程序的安装配置	20%	

项目总结

通过本任务的实施，掌握了Microsoft SQL Server 2008数据库、dotNetFramework 4.5、IIS服务器、PC端相关设备驱动、Office 2010、豌豆荚同步软件的安装方法；掌握了智慧社区管理系统数据库、智慧社区管理系统-Web服务端、智慧社区管理系统-展示端的配置方法；掌握了智慧社区PC端（物业端）软件、PDA端运行环境与软件的安装配置方法；掌握了智慧社区移动端程序、智慧社区手机端程序的安装配置方法。

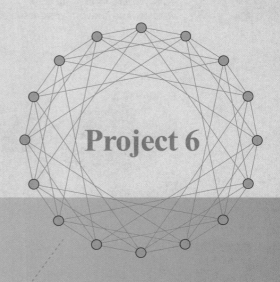

Project 6

项目六

应用系统使用与维护

项目概述

　　小方看到爸爸通过手机接收社区发来的物业缴费通知单，并直接用手机缴费感到非常惊奇。爸爸告诉他，在社区管理中，使用智慧生活系统不仅可以控制路灯，可以通过小区的监控系统了解社区安全情况，也可以直接通过网络连接、汇总各户电费、水费，直接发送电子账单到业主端。小方不禁产生疑问，这到底是怎么操作的呢？于是爸爸带着小方来到物业办公室，看着物业工作人员演示社区智慧生活系统。

学习目标

1）了解智能医疗系统；
2）掌握智能医疗系统Andriod端和PC端的登录和使用方法；
3）了解智能商超系统；
4）掌握智能商超系统的使用方法；
5）掌握环境监测功能的使用方法；
6）掌握智能路灯功能的使用方法；
7）掌握智能安防模块的使用方法；
8）掌握公共广播功能的使用方法；
9）掌握费用管理功能的使用方法。

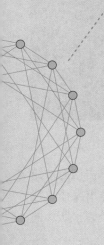

任务一　智慧社区

任务描述

　　智慧社区为社区居民提供便利，本任务是分别使用环境监测模块、智能路灯模块、智能安防模块、公共广播、费用管理为社区管理或居民提供相应的帮助。

任务实施

1. 环境监测模块

　　1）单击智慧社区主界面的环境监测，进入环境监测页面，环境监测包括大气环境、水文环境、土壤环境，当前显示的是大气环境监测数据，如图6-1所示。

图6-1　环境监测

　　2）在环境监测页面的右侧，有7个按钮，分别代表不同的传感数据，可以单击相应按钮查询每种监测项目在一定时间段的数据显示情况（见图6-2），也可进行数据导出操作（注意：进行导出操作，需要物业端所在计算机上安装有Microsoft Office 2010及以上版本的办公软件），如图6-3所示。

图6-2　大气环境监测数据样例

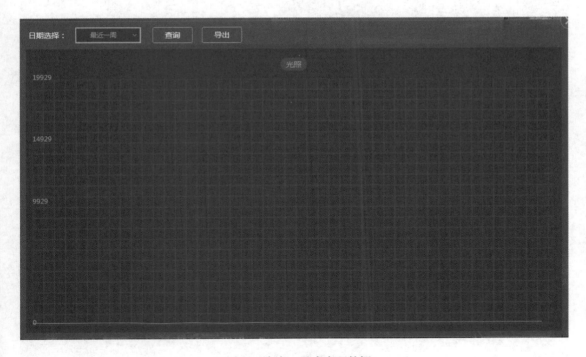

图6-3　查询、导出光照数据

3）单击"水文环境"按钮，进入"水文环境"界面，如图6-4所示。单击界面右边的"水位"按钮，进入数据查询、导出界面，如图6-5所示。

4）单击"土壤环境"按钮，进入"土壤环境"界面，如图6-6所示。单击界面右边的"土壤水分"按钮，进入数据查询、导出界面，如图6-7所示。

图6-4 水文环境

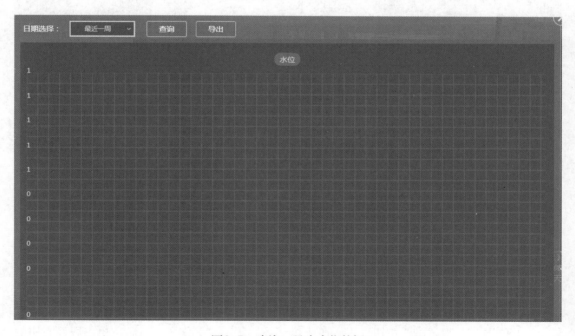

图6-5 查询、导出水位数据

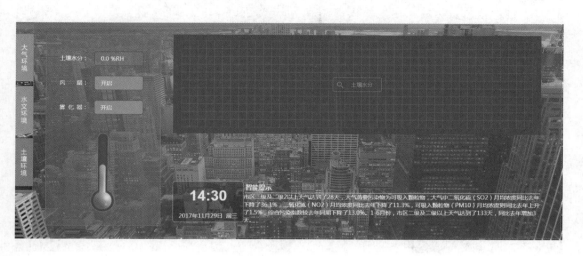

图6-6　土壤环境

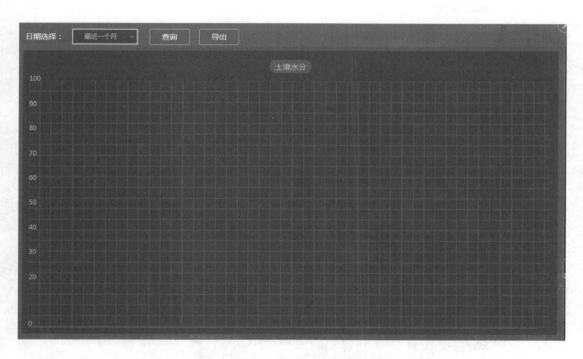

图6-7　查询、导出土壤水分数据

2. 智能路灯模块

单击智慧社区主界面的"智能路灯"按钮，切换到智能路灯控制界面，可手动控制路灯与楼道灯，也可根据时间或者自然光照度值自动控制路灯与楼道灯，如图6-8所示。

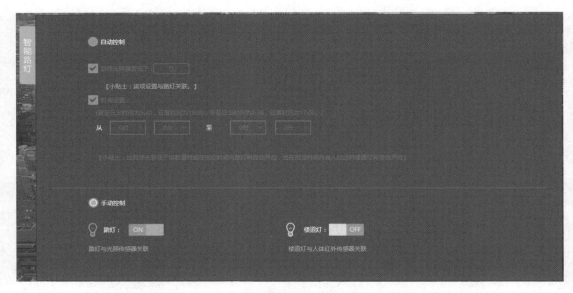

图6-8 智能路灯

3. 智能安防模块

（1）物业端

1）单击智慧社区主界面的"社区安防"按钮，切换到社区安防控制界面，如图6-9所示。

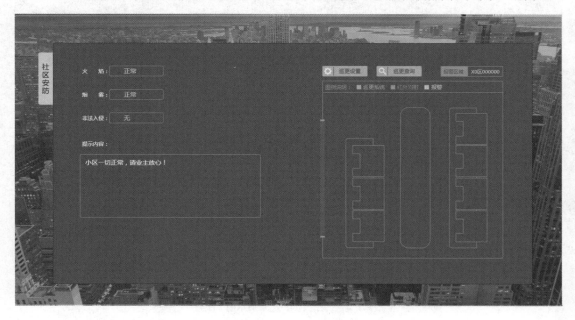

图6-9 社区安防物业端

程序在感应到火焰、烟雾或非法入侵时，会产生警告提示内容，提示内容会推送到LED上显示及推送到业主端（安卓端）显示，同时展示端会有相应的动态反应。

2）单击"巡更设置"按钮，进入"巡更设置"界面，如图6-10所示。

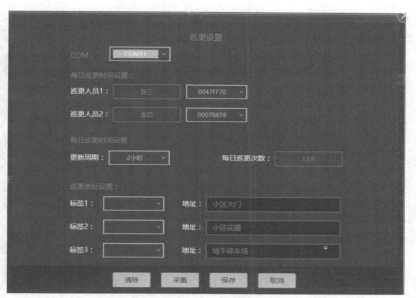

图6-10　巡更设置

　　首先将巡更棒通过USB线接到计算机端，先单击"消除"按钮，将巡更棒的消息清除掉。然后拔掉USB线，使用巡更棒采集信息，包括2个代表人的小卡以及3个巡更点。再连接到计算机端，单击"采集"按钮，将巡更棒采集到的消息传到应用程序显示，根据时间将原先采集到的5条消息分配给界面中的巡更人员1、2以及3个标签。配置好后，单击"保存"按钮，数据将保存到数据库中，然后再单击"清除"按钮，将巡更棒的消息清除掉，以便后面更新采集并保存数据。

　　3）单击"巡更查询"按钮，切换到如图6-11所示的界面。先将巡更棒接到计算机端，单击"巡更数据同步"，将巡更中的数据同步。然后物业端就可以进行巡更信息与数据导出操作了。

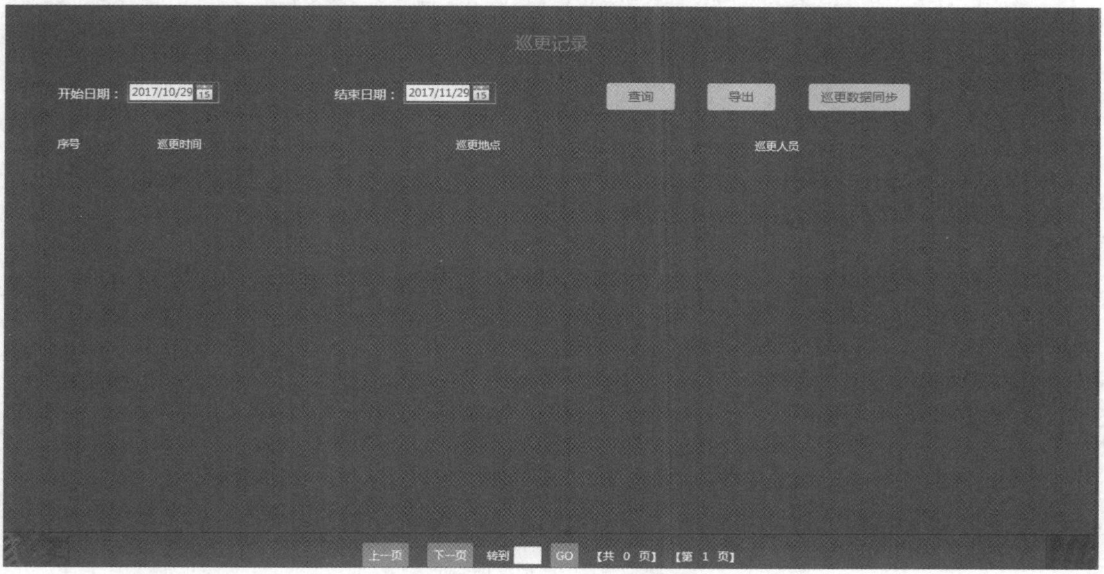

图6-11　巡更记录

（2）展示端

1）火警展示端如图6-12所示。

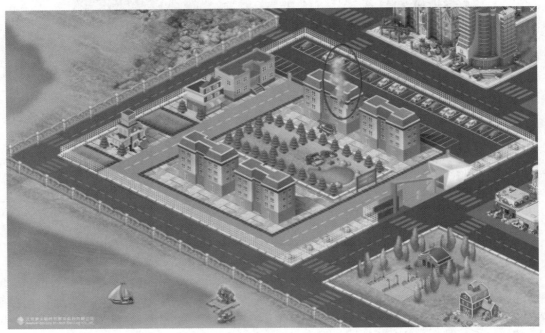

图6-12　火警展示端

2）人体展示端如图6-13所示。

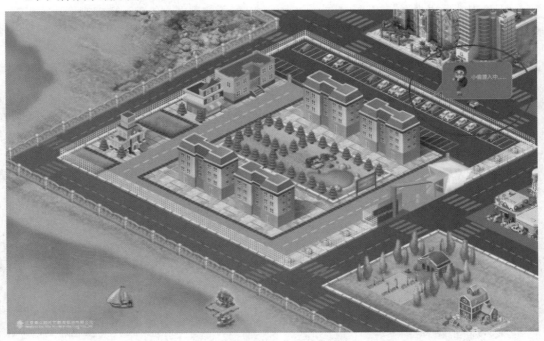

图6-13　人体展示端

3）巡更查询端如图6-14所示。

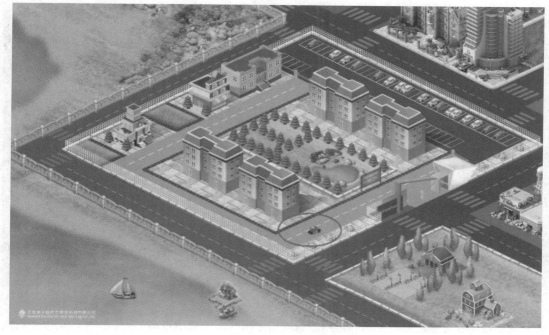

图6-14　巡更查询端

4．公共广播

1）单击智慧社区主界面的"公共广播"按钮，进入如图6-15所示的展示界面。

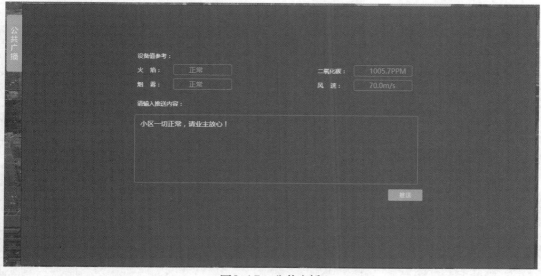

图6-15　公共广播

2）选择"推送"后，将"请输入推送内容"下的文本框中的内容推送到LED及业主端显示。

5．费用管理

1）在智慧社区主界面点击进入"费用管理"界面，费用管理项目包括水电费、物业费、

项目一　项目二　项目三　项目四　项目五　项目六　项目七　项目八　项目九　附录

停车费，图6-16所示的界面为水电费管理。

图6-16　费用管理

物业管理者可进行电费和水费费用的管理，单击"水电费用查询"功能按钮，可以查看业主水电费的缴费情况。单击"计费"功能按钮，可在展示端看到动态的效果图，同时数据会发送到安卓端，业主可通过安卓端进行支付操作。

2）单击"物业费"选项卡，进入如图6-17所示的"物业费"管理界面，可进行物业费的查询与计费，同时数据会发送到安卓端，业主可通过安卓端进行支付操作。

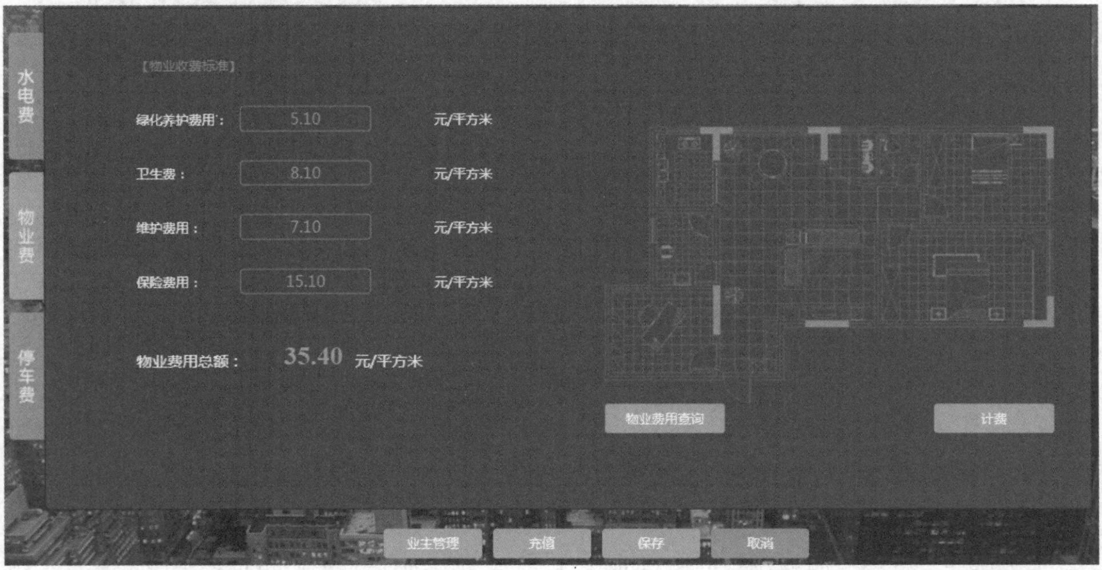

图6-17　物业费

3）单击"停车费"选项卡，进入如图6-18所示的"停车费"管理界面，可进行停车费的查询与缴费，可在展示端看到动态的效果图，同时数据会发送到安卓端，车主可通过安卓端进行支付操作。

图6-18　停车费

知识补充

智能安防系统一般包括入侵系统、视频安防监控系统、出入口控制系统。视频安防监控对要害部门、重要设施和公共活动场所进行有效的监控。环境监测模块利用ZigBee组网技术分别在大气环境、水文环境、土壤环境这3类项目中采集各个传感器的监测数据，自动控制继电器设备进行操作，以及进行各传感器数据曲线图的展示。在水文环境模块，可点击加热棒对水体进行加热；在土壤环境模块，可点击雾化器和风扇对其进行开关，并可以点击这些曲线图上的类似查询按钮进行选择时间段传感器的查询和导出功能。在环境监测中分别点击大气环境、水文环境、土壤环境可以看到展示端所展示出来的不同效果。

能力拓展

调查市场上的智慧社区系统，你觉得目前智慧社区系统存在哪些不足，请提出改进意见！

任务二　智慧商超

任务描述

在智慧商超系统中对用户以及商品、超市进行管理，并使用PDA进行产品入库、上架、盘点、价格调整等操作。

任务实施

1. 界面介绍

1）单击智慧社区主界面的"智能商超"按钮，进入"智能商超"界面，如图6-19所示。

图6-19 "智慧商超"界面

2）单击进入"账户充值"界面，如图6-20所示。

图6-20 账户充值

3）一般采用如图6-21所示的桌面发卡器对IC卡进行账户充值操作，对IC卡进行获取余额、充值的操作如图6-22所示。

图6-21　桌面发卡器和IC卡　　　　　图6-22　获取余额、充值操作

4）"商品添加"界面如图6-23所示，使用扫描枪对商品的条码进行扫描，可获取码值。

图6-23　商品添加

5）在"商品管理"界面可进行商品删除和修改的操作，如图6-24所示。

6）"商品入库"界面如图6-25所示。

7）"入库设置"界面如图6-26所示。

8）读取是指将RFID标签与商品进行绑定的操作，采用桌面超高频读卡器可以对标签进行读取操作，并与商品绑定，如图6-27所示。

9）"盘点查看"界面如图6-28所示，盘点需要使用PDA进行盘点操作，智慧商超物业端获取到PDA发送到数据库的数据，将其显示出来。

10）"视频监控"界面如图6-29所示。

11）"销售情况"界面如图6-30所示。

12）单击进入"获取系统提示"界面。

13）"购物结算"界面如图6-31所示。

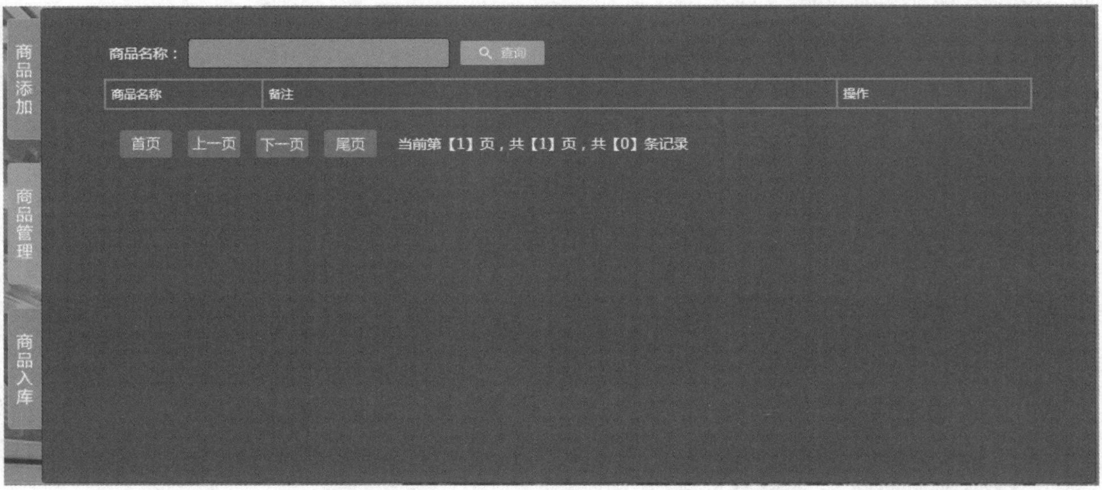
商品添加
商品管理
商品入库
商品名称：
查询
商品名称
备注
操作
首页
上一页
下一页
尾页
当前第【1】页，共【1】页，共【0】条记录

图6-24　商品管理

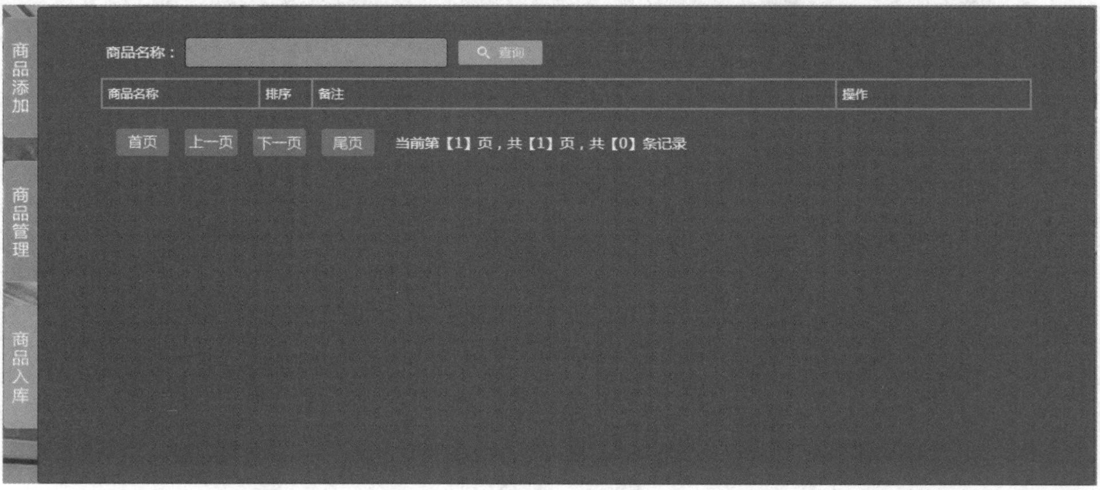
商品添加
商品管理
商品入库
商品名称：
查询
商品名称
排序
备注
操作
首页
上一页
下一页
尾页
当前第【1】页，共【1】页，共【0】条记录

图6-25　商品入库

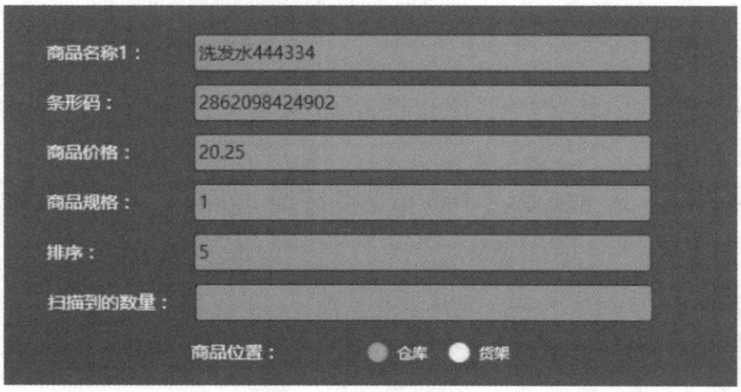
商品名称1：
洗发水444334
条形码：
2862098424902
商品价格：
20.25
商品规格：
1
排序：
5
扫描到的数量：
商品位置：
仓库
货架

图6-26　入库设置

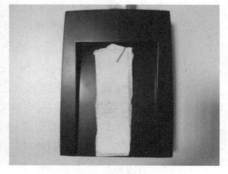

图6-27　RFID标签读取

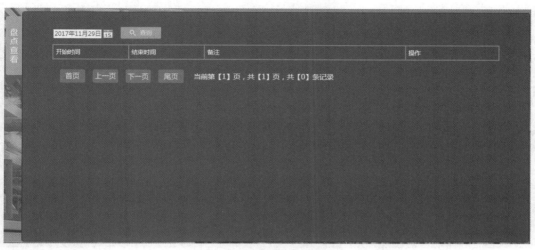

图6-28　商品盘点

图6-29　视频监控

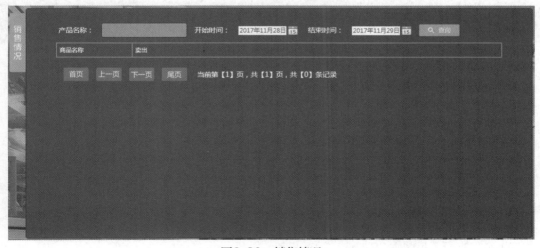

图6-30　销售情况

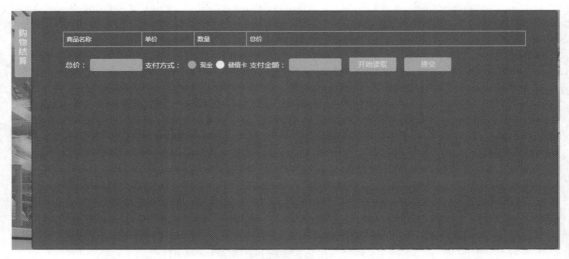

图6-31　购物结算

14）"商品实时查看"界面如图6-32所示。

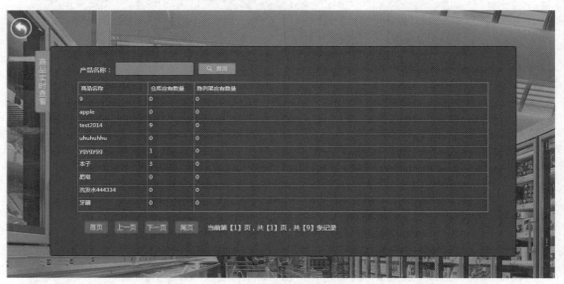

图6-32　商品实时查看

2. 商品盘点（PDA）

1）进入智能商超客户端。

2）单击"盘点开始"按钮（见图6-33）。

3）选择要盘点的区域，这里选择"仓库"，（见图6-34）。

4）单击图6-35中的"扫描条码"按钮，然后按<Span>键扫描条码（支持多个商品）。

5）单击"开始盘点"按钮，拿着PDA在RFID标签上方移动，实现商品扫描（如果"盘点区域"选择了"货架"或者"所有"，则需要到卖场陈列架将商品也扫描一下）。

6）扫描结束后，单击"提交"按钮，上传数据（见图6-36）。

7）盘点查看（见图6-37）。

图6-33　商品盘点（PDA）　　　　图6-34　盘点区域选择

　图6-35　商品扫描　　　　图6-36　商品数据上传　　　图6-37　盘点查看（PDA）

3. 商品入库（PDA）

1）单击"商品入库"按钮（见图6-38）。

2）单击PDA上的span按钮（见图6-39），扫描之前打印出来的条码。

3）扫描到商品之后单击"扫描"按钮，开始扫描需要入库的商品的RFID标签（可以一次入库多个商品）。

4）商品入库完成后，单击"扫描结束"按钮（见图6-40）。

5）完成商品入库。

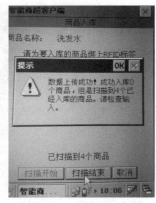

图6-38　商品入库（PDA）　　　图6-39　进入商品扫描　　　图6-40　开始商品扫描

4．修改商品价格

1）当商品价格有变动时，PDA界面就会显示如图6-41所示的红色字样，"价格有变动（请扫描修改）"。

2）扫描商品条码，进入改价界面。

3）将修改后的价格写入电子价格标签。

4）恢复电子价格标签为默认值。

PDA界面的左下角有个"+"按键，如图6-42所示，单击该按键，即可对电子价格标签进行恢复初始默认值的操作。

图6-41　价格修改　　　　图6-42　恢复初始默认值

知识补充

智慧商超是在传统商场和超市的基础上发展而来的，运用物联网这种新兴的技术手段，对传统商场和超市进行数字化和智能化升级，使得人与人、人与物、物与物能进行更加智能化的连接和交流，这将给每个人的生活和采购方式带来改变。

能力拓展

2017年7月8日，阿里公司首先在淘宝APP某活动上推出无人超市"淘咖啡"，独特的购物体验让许多顾客跃跃欲试，其实在之前有多家无人便利店已经设立营业试点，比如缤果盒子、F5未来商店等。但是无人超市在商品补充和货架整理方面与传统超市并无差别，那么未来该如何在这一部分实现无人化呢？请设计出你的方案。

任务三　智慧医疗

任务描述

通过智慧医疗系统完成医生和患者之间的互动。在Android（患者）端登录，进行体检和查看体检报告；在PC(医生)端登录，对患者进行诊断操作。

任务实施

1. 安卓端

1）进入"个人健康"界面，医疗开发套件连接好服务端，且医疗采集模块打开后，单击"开始体检"按钮，如图6-43所示。

2）单击中间的开始按钮 ▶ ，开始体检，如图6-44所示。

3）单击右上角的"停止按钮"可结束体检。体检结束后，可选择"保存""申请远程诊断"或"重新体检"。

4）在如图6-45所示的界面，可选择想预约的医生。单击右上角的"设置"图标可以对摄像头IP地址进行设置，与医生请求进行视频连接的页面如图6-46所示。

5）物业端医生接受视频请求并且发送医嘱说明，业主收到信息（见图6-47）。

6）单击"确认"按钮后跳转到体检列表，可以看到体检信息。选择某一天的体检信息进入，会看到详细的体检数据显示（见图6-48）。

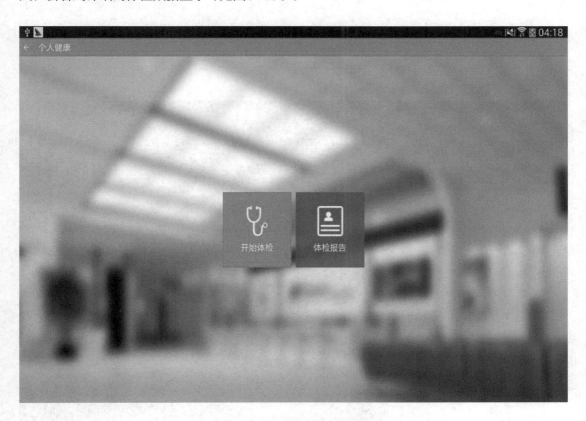

图6-43　个人健康（安卓端）

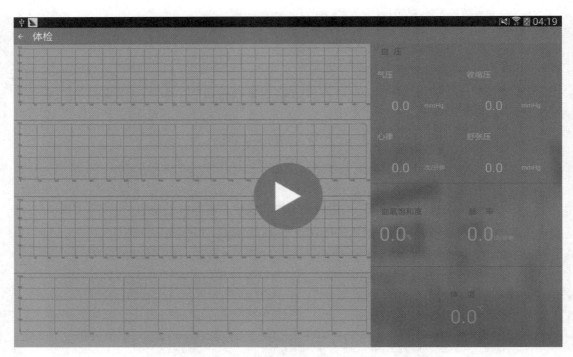

图6-44　开始体检

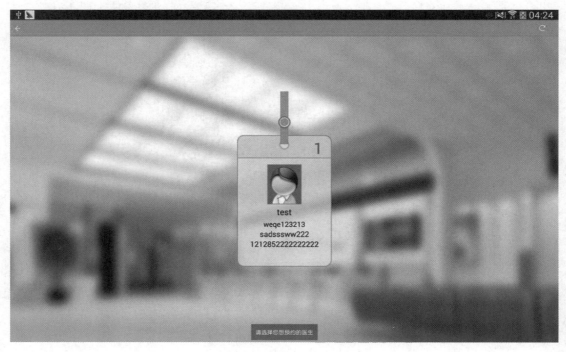

图6-45　申请远程诊断

图6-46　远程申请

图6-47　发送/接收诊断信息

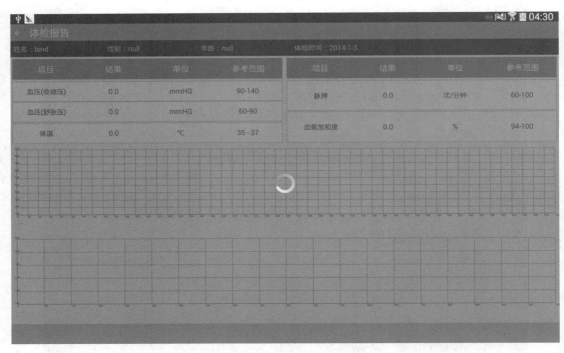

图6-48　查询体检信息

2. PC端登录

1）打开物业端应用程序，界面如图6-49所示。

图6-49　PC端登录

2）单击"设置"按钮，进入"设置"界面，填写服务端IP地址、端口号、摄像头IP地址，勾选启用展示端（见图6-50）。

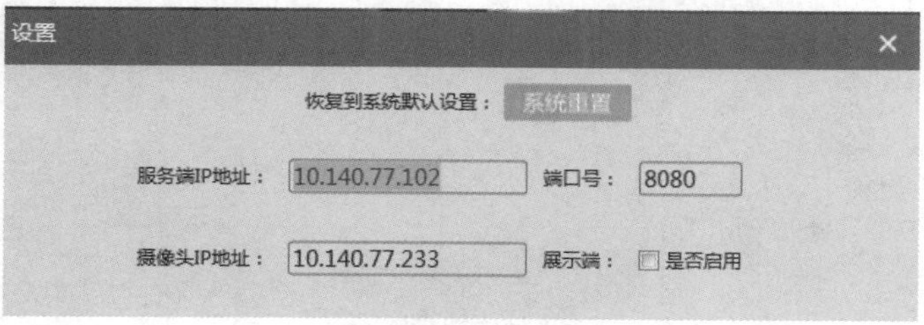

图6-50　系统设置

3）设置完成后，使用已注册好的用户名（user1）、密码（123456）登录，进入智慧社区主界面（见图6-51）。

图6-51　进入智慧社区主界面

4）单击智慧社区主界面的"智慧医疗"图标，出现如图6-52所示界面。

图6-52　智慧医疗

5）可对医生信息进行编辑，如图6-53所示。

图6-53　编辑医生信息

3. 远程诊断过程

1）业主端（安卓端）发起远程请求后，物业端的医生会收到请求（见图6-54）。

图6-54　收到业主请求

2）医生接受请求后，可查看患者的体检数据，如图6-55所示。若要求患者进行复查操作，或者直接发送医嘱信息，医嘱信息会发送到患者的安卓端。

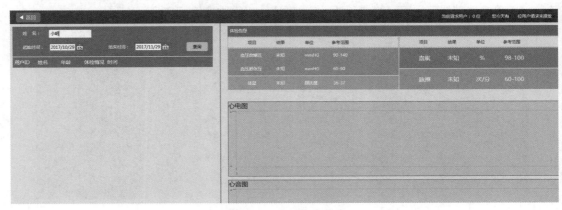

图6-55　查看患者信息

3）医生也可查看患者过去的历史体检记录（见图6-56）。

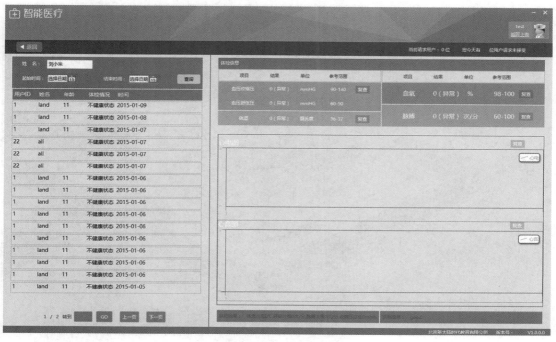

图6-56　查看历史记录

4. 展示端

1）远程体检展示端如图6-57所示。

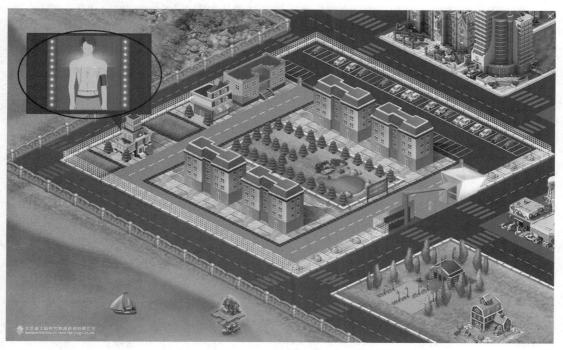

图6-57　远程体检

2）医生收到并接受请求，查看体检信息（见图6-58）。

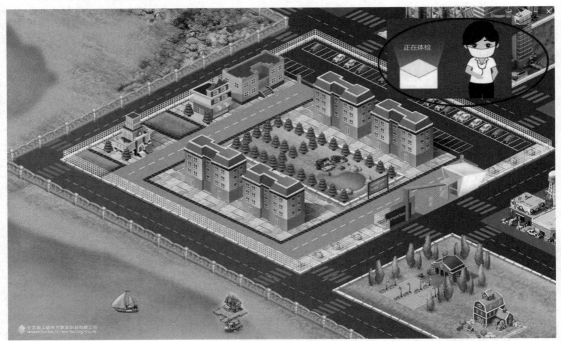

图6-58 查看体检信息

知识补充

　　智慧医疗是通过现代先进的物联网技术和信息技术，连同各种诊疗仪器，采集、存储、传输、处理病人健康状态和医疗信息，使医务人员随时掌握病人的情况并能给出相应指导。在本系统中，患者可登录Android端，连接的医疗开发套件可将采集的数据通过网络传输到服务器端。而医生可在PC端访问患者信息内容，开出对应的处方或提供治疗建议。

能力拓展

　　智慧医疗在人们的生活中应用得越来越普遍，但还是有部分人对此有质疑，那么智慧医疗与传统医疗相比有何优势与劣势呢？

　　项目评价表见表6-1。

表6-1 项目评价表

任　务	要　求	权　重	评　价
智慧社区	掌握环境监测模块、智能路灯模块、智能安防模块、公共广播、费用管理的使用方法	30%	

（续）

任　　务	要　　求	权　　重	评　　价
智慧商超	掌握如何对用户以及对商品、超市进行管理，掌握使用PDA进行产品入库、上架、盘点、价格调整等操作	35%	
智慧医疗	掌握Android（患者）端登录方法，并在此端进行体检和查看体检报告。掌握PC(医生)端登录方法，同时在此端对患者进行诊断操作	35%	

项目总结

通过对环境监测、智能医疗、社区安防、智慧商超等模块的功能操作，小方学会了以后足不出户就感受外面的环境，以此来调整衣着打扮，同时可直接在家里进行身体检查、看病等。在智慧社区，安防做得十分到位，时刻处于监测状态，一旦家里发生火警等情况业主会立刻收到消息，通过查看软件即可知道保安是否在岗。用户可直接在业主端缴纳物业费用，获得了极大的方便。

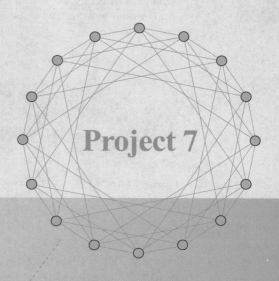

Project 7

项目七

.NET开发

项目概述

　　小方慢慢掌握了智能社区系统，现在令他更加好奇的是如何远程控制路灯、风扇，甚至远程看监控视频。带着这样的问题，小方找到了自己的计算机老师，请教了以上这些问题。老师告诉他，其实做到这些并不难，难的是能否静下心来敲代码。就这样，小方开始了代码的学习之旅。

学习目标

1）熟悉C#、WPF基本概念；

2）熟悉XAML基本概念；

3）熟悉串口通信原理；

4）掌握串口通信代码；

5）掌握XAML基本代码编写；

6）掌握控制代码设计；

7）掌握与ZigBee端口通信原理；

8）掌握WPF控件使用。

任务描述

通过Microsoft Visual Studio软件创建项目，可获取温度传感器的监测数据。在软件中，应设计简单界面，根据传输协议编写相应代码，最后通过按钮成功获取传感器数据。

任务实施

1）首先新建一个项目，执行菜单命令"文件"→"新建"→"项目"，如图7-1所示。在图7-2所示的界面中，选择C#语言中的WPF应用程序，项目名称为GetData。

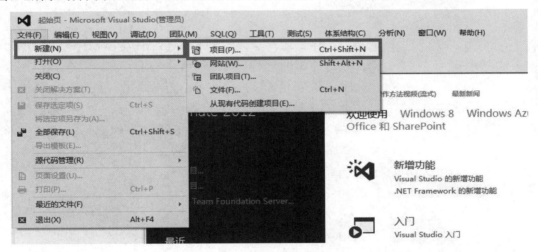

图7-1 项目菜单选择

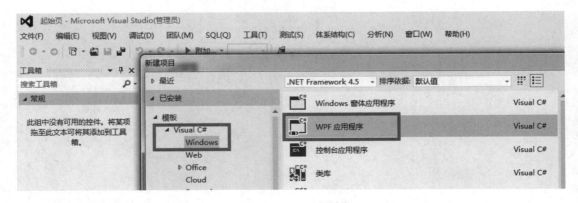

图7-2 应用程序创建

2）创建WPF工程项目后，进入如图7-3所示的C#开发平台。在该平台上，有常用的工具箱、界面布局编辑区、解决方案资源管理窗口、属性窗口、布局文件代码视图窗口等视图。

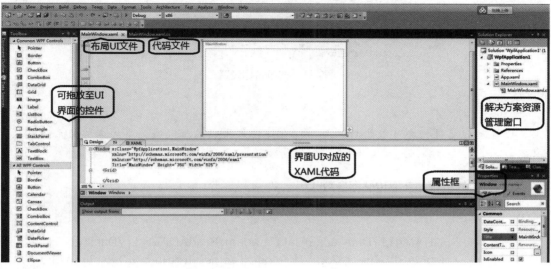

图7-3　开发平台

3）打开MainWindow. xaml,可通过拖放组件或者代码，添加组件。在本项目中通过在XMAL添加代码，从而设计UI。

4）可通过工具箱直接将文本框拖进界面内，放置在合适的位置；或者在xaml里<grid>与</grid>之间加入下列代码：

`<TextBox x:Name="temp" HorizontalAlignment="Left" Height="32" Margin="196,81,0,0" TextWrapping="Wrap" Text="" VerticalAlignment="Top" Width="101"/>`

知识链接

Name表示每个组件的名称，HorizontalAlignment表示水平对齐方式，Height表示高度，Margin表示组件与放置它的容器的边距，分别是上、右、下、左的顺时针规则。TextWrapping参数设置为Wrap，表示当文本超过容器会自动换行。VerticalAlignment表示垂直对齐，Width表示组件宽度。

5）可通过工具箱直接将按钮拖进界面内，放置在合适的位置；或者在xaml里<grid>与</grid>之间，文本框代码后加入下列代码：

<Grid>

<TextBox......./>

<Button Content="获取信息" HorizontalAlignment="Left" Margin="196,171,0,0" VerticalAlignment="Top" Width="101" Height="34" Click="get"/>

</Grid>

6）选中按钮组件，即可在右下角看到按钮的属性，在名称位置可设置按钮的名称（默认无名称）。单击右边的闪电标志，可看到如图7-4所示的各样的事件，在这里只需要设置Click

事件，即点击按钮就有相应的响应，设置Click事件名称为get，按回车键编辑具体事件代码。

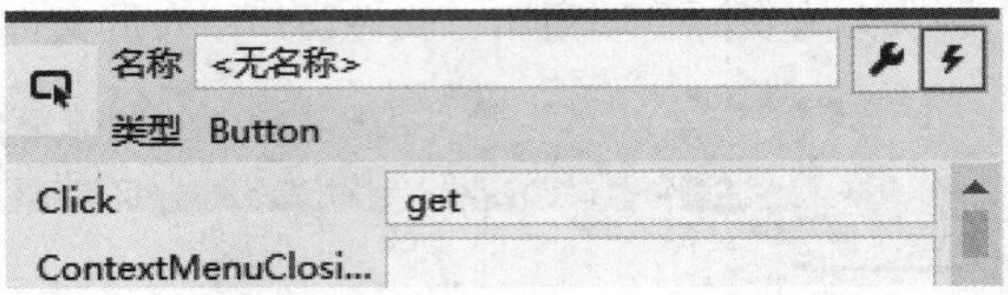

图7-4　按钮名称设置

小贴士

　　设置按钮属性，亦可双击按钮之后，直接转入代码编辑区域，事件名称为系统默认名称。

7）get函数里添加获取传感器参数代码：

```
private void get(object sender, RoutedEventArgs e)
    {
            ADAM4117Data adamData = adam.ReadADAM4117Data();
            double dValue = ConvertHelper.Temperature(adamData.Value5);
            temp.Text = dValue.ToString("f2");
        }
```

想一想

　　如此就可以读取传感器的数据了吗，还需要添加什么内容？

8）绑定端口，数模转换端口为COM2，ZigBee数据传输端口为COM3。在MainWindow.xaml.cs的MainWindow里添加两个数据定义。

```
public partial class MainWindow : Window
  {
        ADAM adam = new ADAM("COM2");
        ZigBee ZigBee = new ZigBee("COM3");
  }
```

9）在界面启动时需要初始化对象，在Window添加初始化和结束函数：

```
<Window x:... Loaded="Window_Loaded" Closing="Window_Closing">
```

10）在初始化函数中添加数模转化和ZigBee连接代码：

```
private void Window_Loaded(object sender, RoutedEventArgs e)
    {
        adam.Connect();
        ZigBee.Connect();
    }
```

11）需要注意的是，当界面被关闭的时候需要关闭传感器和计算机的连接：

```
private void Window_Closing(object sender, System.ComponentModel.CancelEventArgs e)
        {
        adam.Close();
```

ZigBee. Close ();

  }

小贴士

  编译之前需在MainWindow.xaml.cs添加using SerialPortProvider，方可使用相应的串口应用。

12）完成代码设置后，可执行"调试"→"开始调试"命令，进行代码调试（见图7-5）。

温度

获取信息

图7-5　代码调试

知识补充

  C#是一种全新的、面向对象的编程语言。它依附于.NET Framework架构，它有着高效的运行效率、简单易于理解的语法，加之强大的编译器支持，使得程序的开发变得异常迅速。

  WPF为Windows Presentation Foundation的首字母缩写，中文译为"Windows呈现基础"。是基于DirectX的新一代开发技术，利用XAML（Extensible Application Markup Language，可扩展应用程序标记语言）做界面描述，后台采用各种.Net语言作为业务逻辑开发。WPF可提供超丰富的.NET用户界面框架，集成了矢量图形、丰富的流动文字支持、3D视觉效果和强大无比的控件模型框架。

  XAML是微软公司为构建应用程序界面而设立的一种新的描述性语言。它提供了一种便于拓展和定位的语法来定义和程序逻辑分离的用户界面，而这种实现方式和ASP.NET中的"代码后置"的模型非常类似。XAML是一种解析性的语言，尽管它也可以被编译。它的优点是可以简化编程式上的用户创建过程，应用时要添加代码等。

  WPF借助XAML来利用标记而不是编程语言来构造精美逼真的用户界面，可以通过定义控件、文本、图像、形状、动画等各种元素，完全采用XAML来制作详细的用户界面文档。

能力拓展

  请参考相关资料，找到至少两种方法改变界面背景颜色。

任务二　控制风扇

任务描述

  ZigBee当前广泛应用于物联网设备，本任务通过ZigBee网络控制风扇。请根据ZigBee

端口通信协议，通过Microsoft Visual Studio软件创建项目，编写相应的代码，从而实现通过按钮成功控制风扇的关闭。

任务实施

1）新建一个项目，执行菜单命令"文件"→"新建"→"项目"，再选择C#语言中的WPF应用程序，项目名称为ICS. Fan。

2）打开MainWindow. xaml，从工具箱里拖入两个按钮，分别为"开启""关闭"，或者添加代码为：

```
<Button Content="开启" HorizontalAlignment="Left" Margin="145,172,0,0"
VerticalAlignment="Top" Width="63" Click="open"/>
<Button Content="关闭" HorizontalAlignment="Left" Margin="234,172,0,0"
VerticalAlignment="Top" Width="63" Click="close"/>
```

3）拖入一个文本框，设置名称为state，或者添加代码为：

```
<TextBox x:Name="state" HorizontalAlignment="Left" Height="32" Margin=
"196,81,0,0" TextWrapping="Wrap" Text="" VerticalAlignment="Top" Width="101"/>
```

4）选中开启按钮组件，即可在右下角看到按钮的属性，在名称位置可对按钮设置名称（默认无名称）。点击右边闪电标志，可看到各样的事件，在这里只需要设置Click事件，即点击按钮就有相应的响应。设置Click事件名称为Open，按回车键编辑具体事件代码：

```
privatevoid Open(object sender, RoutedEventArgs e)
        {
ZigBee. Relay(true);
state. Text ="开启";


        }
```

5）与步骤4）相似，选中关闭按钮，添加Click事件，事件名称为Close：

```
privatevoid Close(object sender, RoutedEventArgs e)
        {
 ZigBee. Relay(false);
state. Text ="关闭";
        }
```

6）绑定端口，数模转换端口为COM2, ZigBee数据传输端口为COM3。在MainWindow. xaml. cs的MainWindow里添加两个数据定义。

```
public partial class MainWindow : Window
    {
        ADAM adam = new ADAM("COM2");
        ZigBee zigBee = new ZigBee("COM3");
    }
```

7）在界面启动时需要初始化对象，在Window添加初始化和结束函数：

```
<Window x:... Loaded="Window_Loaded" Closing="Window_Closing">
```

8）在初始化函数中添加数模转化和ZigBee连接代码：

```
private void Window_Loaded(object sender, RoutedEventArgs e)
        {
            adam. Connect();
            ZigBee. Connect();
        }
```

9）需要注意的是，当界面被关闭的时候需要关闭传感器和计算机的连接：

```
private void Window_Closing(object sender, System. ComponentModel.
CancelEventArgs e)
        {
            adam. Close();
            ZigBee. Close();
        }
```

小贴士

编译之前在MainWindow.xaml.cs添加using SerialPortProvider，方可使用相应的串口应用。

10）完成代码设置后，可执行"调试"→"开始调试"命令，进行代码调试（见图7-6和图7-7）。

图7-6 关闭风扇　　　　图7-7 开启风扇

知识补充

现在大多数硬件设备均采用串口技术与计算机相连，因此串口的应用程序开发越来越普遍。例如，利用串口通信可以实现，在计算机没有安装网卡的情况下，将本机上的一些信息数据传输到另一台计算机上。

串口通信的两种基本方式是同步串行通信方式和异步串行通信方式。同步串行的英文名称为SPI，即Serial Peripheral Interface的缩写，顾名思义就是串行外围设备接口。SPI总线系统是一种同步串行外设接口，它可以使MCU与各种外围设备以串行方式进行通信，以交换信息。

异步串行的英文名称为UART（Universal Asynchronous Receiver/Transmitter），顾名思义就是通用异步接收/发送。UART是一个并行输入成为串行输出的芯片，通常集成在主板上。UART包含TTL电平的串口和RS232电平的串口，TTL电平是3.3V的，而RS232为负逻辑电平。

在C#中无法直接使用串口通信，必须先设置相应的串口号以及使用串口的名称空间，方可使用串口通信函数。

能力拓展

在本例中采用文字表示风扇开启状态，请查阅相关资料，尝试使用图片显示的形式表示风扇状态。

任务三　使用温度传感器控制风扇

任务描述

　　智能化风扇可根据温度自动开闭风扇，也可通过软件开关风扇。通过Microsoft Visual Studio软件创建项目，编写代码定期获取温度参数，并与阈值对比，自动开闭风扇，同时插入按钮开关，实现通过按钮开关风扇。

任务实施

　　1）新建一个项目，执行菜单命令"文件"→"新建"→"项目"再选择C#语言中的WPF应用程序，项目名称为ICS.Shan。

　　2）创建WPF工程项目后，进入C#开发平台。在该平台上，有常用的工具箱、界面布局编辑区、解决方案资源管理窗口、属性窗口、布局文件代码视图窗口等视图。

　　3）打开MainWindow.xaml，可通过拖放组件或者代码，添加组件。在本项目中通过在XMAL添加代码，从而设计UI。

　　4）拖入两个文本框和标签，设置相应的参数，或添加下列代码：

```
<Label Content="温度" HorizontalAlignment="Left" Margin="145,79,0,0" VerticalAlignment="Top" Height="32" Width="46"/>
　　<TextBox x:Name="temp" HorizontalAlignment="Left" Height="32" Margin="196,81,0,0" TextWrapping="Wrap" Text="25" VerticalAlignment="Top" Width="101"/>
　　<Label Content="风扇" HorizontalAlignment="Left" Margin="145,118,0,0" VerticalAlignment="Top" Height="32" Width="46"/>
　　<TextBox x:Name="switch" HorizontalAlignment="Left" Height="32" Margin="196,120,0,0" TextWrapping="Wrap" Text="关闭" VerticalAlignment="Top" Width="101"/>
```

　　5）从工具箱里拖入3个按钮，分别为"获取信息""开启""关闭"，或者添加代码为：

```
<Button Content="获取信息" HorizontalAlignment="Left" Margin="145,214,0,0" VerticalAlignment="Top" Width="152" Height="34" Click="get"/>
　　<Button Content="开启" HorizontalAlignment="Left" Margin="145,172,0,0" VerticalAlignment="Top" Width="63" Click="open"/>
　　<Button Content="关闭" HorizontalAlignment="Left" Margin="234,172,0,0" VerticalAlignment="Top" Width="63" Click="close"/>
```

6）设置获取信息的按钮Click事件为get，get函数里添加获取传感器参数代码，同时添加if判断语句，如果温度参数小于设定值，则关掉风扇，否则开启风扇。

```
private void get(object sender, RoutedEventArgs e)
    {
            ADAM4117Data adamData = adam.ReadADAM4117Data();
            double dValue = ConvertHelper.Temperature(adamData.Value5);
            temp.Text = dValue.ToString("f2");
        if (dValue < v1)
        {
 ZigBee.Relay(true);
state.Text ="开启";
        }
            else  {
 ZigBee.Relay(false);
state.Text ="关闭";
        }
    }
```

7）绑定端口，数模转换端口为COM2，ZigBee数据传输端口为COM3。在MainWindow.xaml.cs的MainWindow里添加两个数据定义。

```
public partial class MainWindow : Window
    {
        ADAM adam = new ADAM("COM2");
        ZigBee ZigBee = new ZigBee("COM3");
    }
```

8）在界面启动时需要初始化对象，在Window添加初始化和结束函数：

```
<Window x:... Loaded="Window_Loaded" Closing="Window_Closing">
```

9）在初始化函数中添加数模转化和ZigBee连接代码：

```
private void Window_Loaded(object sender, RoutedEventArgs e)
    {
        adam.Connect();
        ZigBee.Connect();
    }
```

10）需要注意的是，当界面被关闭的时候需要关闭传感器和计算机的连接。

```
private void Window_Closing(object sender, System.ComponentModel.
CancelEventArgs e)
    {
        adam.Close();
        ZigBee.Close();
    }
```

小贴士

编译之前在MainWindow.xaml.cs添加using SerialPortProvider，方可使用相应的串口函数。

11）完成代码设置后，可执行"调试"→"开始调试"命令，进行代码调试，如图7-8所示。

图7-8　代码调试

知识补充

本任务重在复习前两次任务所牵涉的知识，对前两次任务的内容进行综合应用。与前两次任务略有不同的是在读取温度值的时候使用if语句进行判断，如果温度值高于阈值，则打开风扇，否则关闭风扇。其余知识点参考前两次任务。

能力拓展

在本例基础上添加温度参数设置，即添加温度参数输入，请参考相关资料编程，实现风扇根据输入参数进行开闭态。

项目评价表见表7-1。

表7-1　项目评价表

任　务	要　求	权　重	评　价
获取温度传感器数据	熟悉界面设计，熟悉串口通信，通过按钮获取传感器数据	30%	
控制风扇	掌握与ZigBee端口通信原理，通过按钮设置风扇的开/关	30%	
温度传感器控制风扇	在本例中获取温度参数时与阈值对比，自动开闭风扇，亦可通过按钮开关风扇	40%	

小方同学掌握了社区灯控制模块、风扇控制模块和视频监控模块的设计。在此过程中小方同学学会了如何使用C#语言和WP技术设计相应的界面，同时也学会了配置I/O串口通信和ZigBee串口通信。

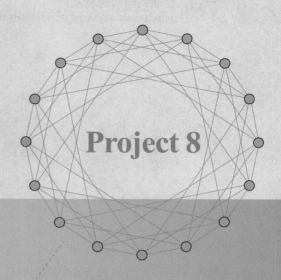

Project 8

项目 八

Android应用开发

项目概述

经过3个月的安装、调试、使用，小陈和同学们熟练掌握了智慧社区系统的安装、调试、使用，对其中的各个功能模块都比较熟悉了。于是小陈和同学们想开发适合自己搭建智慧社区系统的控制模块应用。在本项目中，小陈和同学们将在老师的指导下利用Android应用开发平台，开发路灯控制模块、风扇控制模块和烟雾火焰报警模块。

学习目标

1）能够熟练地掌握Android应用开发流程；

2）能够熟练地搭建Android应用开发平台；

3）能够熟练地开发常见的路灯、风扇、烟雾火焰等控制模块的Android应用程序。

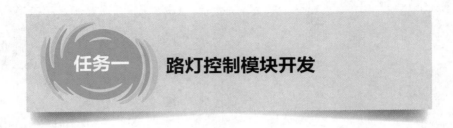

任务一　路灯控制模块开发

任务描述

首先在ADT中导入任务必须的jar包，然后阅读路灯点击事件函数说明文档，根据任务需求补充完整路灯点击事件代码，最后根据任务需求修改相应的控制界面布局，继而修改代码中的相应参数。

任务实施

1. 导入jar包

1）单击打开adt-bundle-Windows-x86_64-20140321中eclipse文件夹下的eclipse.exe，如图8-1所示。

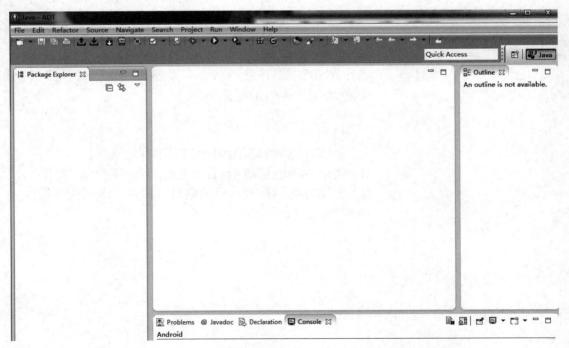

图8-1　打开eclipse.exe

2）执行菜单命令"File"→"New"→"Android Application Project"，输入项目名称StreetLampDemoNew，如图8-2所示。

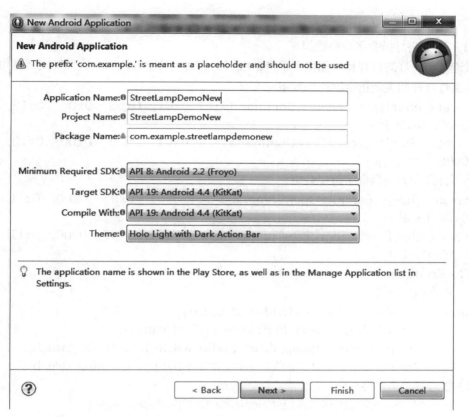

图8-2 建立路灯Android项目

3）将项目需要的jar中的armeabi和lib.jar文件复制到StreetLampDemoNew项目中的libs文件夹中，结果如图8-3所示。

图8-3 导入jar包

2. 路灯点击事件代码设计

（1）定义路灯指令字符串数组

楼道灯和路灯的打开和关闭指令字符串数组的值由相关路灯控制模块说明文档提供。

楼道灯打开和关闭指令字符串数组：

```
private char[] streetOpenCommand = { 0x01, 0x05, 0x00, 0x12, 0xFF, 0x00, 0x2C, 0x3F };
private char[] streetCloseCommand = { 0x01, 0x05, 0x00, 0x12, 0x00, 0x00, 0x6D, 0xCF };
```

路灯打开和关闭指令字符串数组：

```
private char[] corridorOpenCommand = { 0x01, 0x05, 0x00, 0x11, 0xFF, 0x00, 0xDC, 0x3F };
private char[] corridorCloseCommand = { 0x01, 0x05, 0x00, 0x11, 0x00, 0x00, 0x9D, 0xCF };
```

（2）初始化UI

1）定义相关变量：

```
lamp1=(ImageView) findViewById(R.id.lamp1);
        lamp2=(ImageView) findViewById(R.id.lamp2);
        lamp1_switch= (ImageView) findViewById(R.id.lamp1_switch);
        lamp2_switch= (ImageView) findViewById(R.id.lamp2_switch);
```

2）楼道灯单击事件：

```
    lamp1_switch.setOnClickListener(new OnClickListener() {

        @Override
        public void onClick(View arg0) {
            // TODO Auto-generated method stub
            if(lamp1_status) {
                sendCMD(streetCloseCommand);
                lamp1.setImageResource(R.drawable.lamp_off);
                lamp1_switch.setImageResource(R.drawable.btn_switch_off);
                lamp1_status=false;
            }else{
                sendCMD(streetOpenCommand);
                lamp1.setImageResource(R.drawable.lamp_on);
                lamp1_switch.setImageResource(R.drawable.btn_switch_on);
                lamp1_status=true;
            }
        }
    });
```

采用if else判断楼道灯当前状态，如果楼道灯当前是打开的就发送关闭指令，界面显示楼道灯关闭；否则就发送打开指令，界面显示楼道灯打开。

3）路灯单击事件：

```
lamp2_switch.setOnClickListener(new OnClickListener() {
    @Override
    public void onClick(View v) {
        // TODO Auto-generated method stub
        if(lamp2_status) {
            sendCMD(corridorCloseCommand);
            lamp2.setImageResource(R.drawable.lamp_off);
        lamp2_switch.setImageResource(R.drawable.btn_switch_off);
            lamp2_status=false;
        }else{
            sendCMD(corridorOpenCommand);
            lamp2.setImageResource(R.drawable.lamp_on);
        lamp2_switch.setImageResource(R.drawable.btn_switch_on);
            lamp2_status=true;
        }
    }
});
```

采用if else判断路灯当前状态，如果路灯当前是打开的就发送关闭指令，界面显示路灯关闭；否则就发送打开指令，界面显示路灯打开。

4）发送串口指令：

```
private static void sendCMD(char[] cmd) {
String data = String.valueOf(cmd);
Linuxc.sendMsgUartHex(Global.com_modbus, data, data.length());
}
```

5）打开串口：

```
private void openUart() {
    Global.com_modbus=Linuxc.openUart(0, 0);
    if(Global.com_modbus>0) {
        Linuxc.setUart(Global.com_modbus, 3);
        ReceiveThread thread=new ReceiveThread();
        thread.execute(0, 0, 0);
    }else{
    Toast.makeText(MainActivity.this, "串口打开失败", Toast.LENGTH_LONG).show();
    }
}
```

判断串口当前状态，如果未被占用，就设置串口状态，否则就返回信息"串口打开失败"。

3. 控制界面布局代码设计

添加智能路灯标志，距离上方20dp，距离左、右边均为20dp，图片：tab_green，路灯1和2居中显示，路灯外层布局在智能路灯图标的右边。

```
android:layout_width="fill_parent"
android:layout_height="fill_parent"
```

```
android:layout_marginBottom="20dp"
android:layout_marginRight="20dp"
android:layout_marginLeft="20dp"
android:background="@drawable/bg_frame_descend"
android:orientation="horizontal">
```

知识补充

1. Android系统介绍

Android是一种基于Linux的自由及开放源代码的操作系统，主要用于移动设备，如智能手机和平板电脑。Android操作系统最初由Andy Rubin开发，主要支持手机。2005年8月由Google收购注资。2007年11月，Google与84家硬件制造商、软件开发商及电信运营商组建开放手机联盟，共同研发、改良Android系统。随后Google以Apache开源许可证的授权方式，发布了Android的源代码。第一部Android智能手机发布于2008年10月，Android逐渐扩展到平板电脑及其他领域上，如电视、数字照相机、游戏机等。2011年第一季度，Android在全球的市场份额首次超过塞班系统，跃居全球第一。2013年的第四季度，Android平台手机的全球市场份额已经达到78.1%。Android大致可以分为4层架构、5块区域，如图8-4所示。

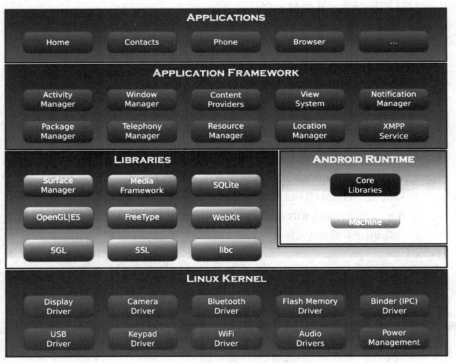

图8-4　Android系统架构

1）Linux内核层，为Android设备的各种硬件提供了底层的驱动，如显示驱动、音频驱动、照相机驱动、蓝牙驱动、WiFi驱动、电源管理等。

2）系统运行层，这一层通过一些C/C++库来为Android系统提供主要的特性支持。同

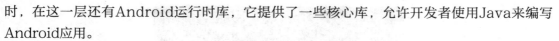

时，在这一层还有Android运行时库，它提供了一些核心库，允许开发者使用Java来编写Android应用。

3）应用框架层，主要提供了构建应用时可能用到的API，Android自带的一些核心应用程序就是使用这些API完成的。开发者可以通过使用这些API构建自己的应用程序，比如活动管理器、View系统、内容提供器、通知管理器等。

4）应用层，所有安装在手机上的应用程序都是属于这一层的，比如，系统自带的联系人、短信等程序，或者从Google Play上下载的程序，包括自己开发的应用程序。

2. Android系统特色

Android系统主要有以下6大特色。

1）四大组件，分别是活动（Activity）、服务（Service）、广播接收器（BroadCast Receiver）和内容提供器（Content Provider）。其中活动是Android应用程序中看得见的东西，也是用户打开一个应用程序的门面，并且是与用户交互的界面，比较"高调"。服务则比较"低调"了，一直在后台默默地付出，即使用户退出了，服务仍然是可以继续运行的。广播接收器允许你的应用接收来自各处的广播消息，比如电话、短信等，并根据广播名称的不同做相应的操作处理，当然，除了可以接受别人发来的广播消息，自身也可以向外发出广播消息，自产自销。内容提供器则为应用程序之间共享数据提供了可能，比如，想要读取系统电话本中的联系人，就需要通过内容提供器来实现。

2）丰富的系统控件。Android系统为开发者提供了丰富的系统控件，可以编写漂亮的界面，也可以通过扩展系统控件，自定义控件来满足需求，常见控件有TextView、Button、EditText及一些布局控件等。

3）持久化技术。Android系统还自带了SQLite数据库，SQLite数据库是一种轻量级、运算速度极快的嵌入式关系型数据库。它不仅支持标准的SQL语法，还可以通过Android封装好的API进行操作，让存储和读取数据变得非常方便。

4）地理位置定位。移动设备和PC相比，地理位置定位是一大亮点。现在大部分Android手机都内置了GPS，可以利用GPS结合我们的创意，打造一款基于LBS的产品。

5）强大的多媒体。Android系统提供了丰富的多媒体服务，比如，音乐、视频、录音、拍照、闹铃等，这一切都可以在程序中通过代码来进行控制，让应用变得更加丰富多彩。

6）传感器。Android手机中内置了多种传感器，比如，加速传感器、方向传感器，这是移动设备的一大特点，开发者可以灵活地使用这些传感器，做出很多在PC上无法实现的应用。

3. 搭建Android应用开发环境

在Windows系统上部署Android应用开发环境的步骤如下。

（1）下载安装JDK。

1）输入网址：http://www.oracle.com/，下拉页面到最底部，选中Downloads Java for Developers，如图8-5所示。

2）单击"JDK DOWNLOAD"按钮进行下载，如图8-6所示。

图8-5　选择JDK类别

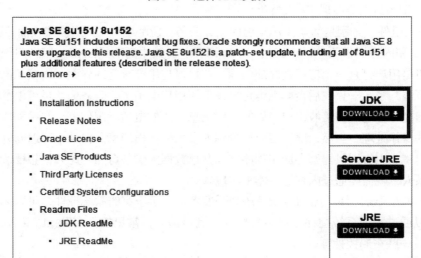

图8-6　下载JDK

3）选择同意下载协议。选择对应的操作系统版本进行下载，如图8-7所示。

Java SE Development Kit 8u152

You must accept the Oracle Binary Code License Agreement for Java SE to download this software.
Thank you for accepting the Oracle Binary Code License Agreement for Java SE; you may now download this software.

Product / File Description	File Size	Download
Linux ARM 32 Hard Float ABI	77.94 MB	↓jdk-8u152-linux-arm32-vfp-hflt.tar.gz
Linux ARM 64 Hard Float ABI	74.88 MB	↓jdk-8u152-linux-arm64-vfp-hflt.tar.gz
Linux x86	168.99 MB	↓jdk-8u152-linux-i586.rpm
Linux x86	183.77 MB	↓jdk-8u152-linux-i586.tar.gz
Linux x64	166.12 MB	↓jdk-8u152-linux-x64.rpm
Linux x64	180.99 MB	↓jdk-8u152-linux-x64.tar.gz
macOS	247.13 MB	↓jdk-8u152-macosx-x64.dmg
Solaris SPARC 64-bit	140.15 MB	↓jdk-8u152-solaris-sparcv9.tar.Z
Solaris SPARC 64-bit	99.29 MB	↓jdk-8u152-solaris-sparcv9.tar.gz
Solaris x64	140.6 MB	↓jdk-8u152-solaris-x64.tar.Z
Solaris x64	97.04 MB	↓jdk-8u152-solaris-x64.tar.gz
Windows x86	198.46 MB	↓jdk-8u152-windows-i586.exe
Windows x64	206.42 MB	↓jdk-8u152-windows-x64.exe

图8-7　下载JDK

（2）安装JDK。

1）安装JDK，如图8-8所示。

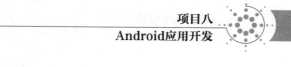

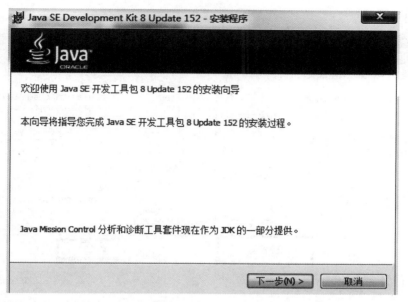

图8-8　安装JDK

2）修改安装目录，如图8-9所示。

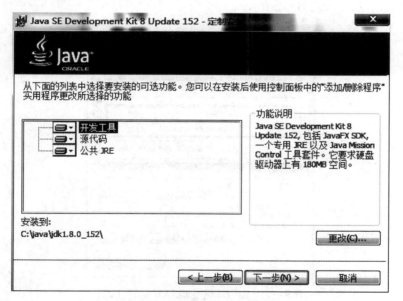

图8-9　修改安装目录

（3）配置JDK环境变量。

对于Java程序开发而言，主要使用JDK的两个命令：javac.exe和java.exe，如路径：C:\Java\jdk 1.8.0_05\bin。但是这些命令不属于Windows自己的命令，所以要想使用，就需要进行路径配置。

1）选择按钮"计算机"→"系统属性"→"高级"命令，在打开的对话框中单击"环境变量"按钮，如图8-10所示。在"系统变量"栏下单击"新建"按钮，创建新的系统环境变量，如图8-11所示。

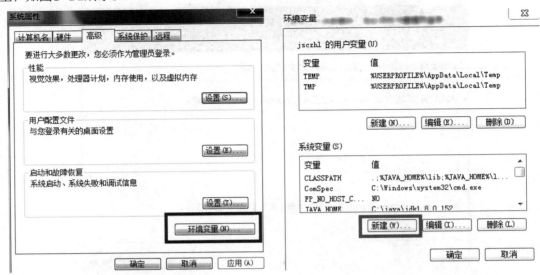

图8-10　单击"环境变量"按钮　　　图8-11　创建新的系统环境变量

2）将"变量名"设为"JAVA_HOME"，"变量值"设为"C:\Java\jdk1.8.0_152"（即JDK的安装路径），如图8-12所示。

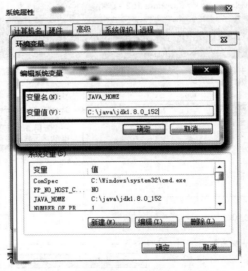

图8-12　设置环境变量JAVA_HOME

3）按照类似于环境变量JAVA_HOME的设置方法，将"变量名"设为"Path"，在原变量值的最后面加上"；%JAVA_HOME%\bin;%JAVA_HOME%\jre\bin"。

4）按照类似于环境变量JAVA_HOME的设置方法，将"变量名"设为"CLASSPATH"，在原变量值的最后面加上"．;%JAVA_HOME%\lib;%JAVA_HOME%\lib\dt.jar;%JAVA_HOME%\lib\tools.jar"。

5）分别输入java、javac、java -version命令，出现如图8-13所示的信息，确认环境配置正确。

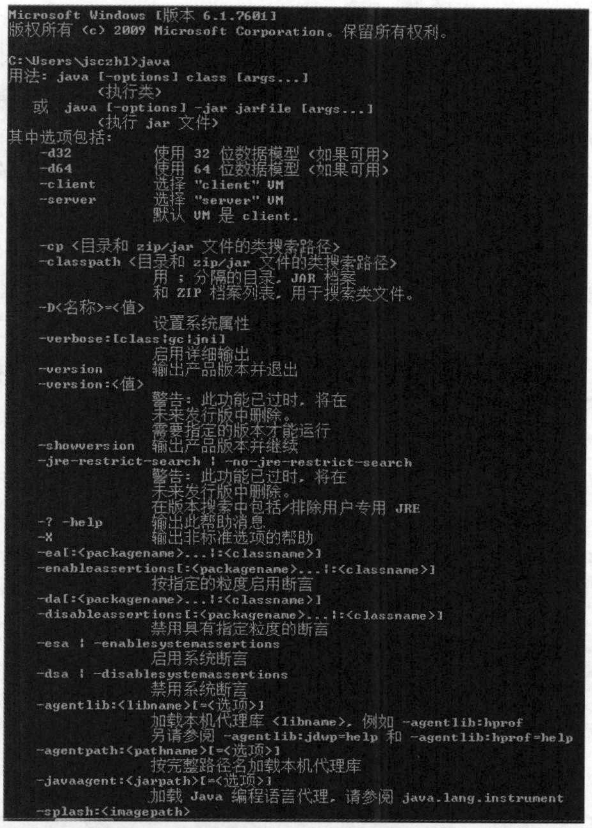

```
Microsoft Windows [版本 6.1.7601]
版权所有 (c) 2009 Microsoft Corporation。保留所有权利。

C:\Users\jsczhl>java
用法: java [-options] class [args...]
           (执行类)
   或  java [-options] -jar jarfile [args...]
           (执行 jar 文件)
其中选项包括:
    -d32          使用 32 位数据模型 (如果可用)
    -d64          使用 64 位数据模型 (如果可用)
    -client       选择 "client" VM
    -server       选择 "server" VM
                  默认 VM 是 client.

    -cp <目录和 zip/jar 文件的类搜索路径>
    -classpath <目录和 zip/jar 文件的类搜索路径>
                  用 ; 分隔的目录, JAR 档案
                  和 ZIP 档案列表, 用于搜索类文件。
    -D<名称>=<值>
                  设置系统属性
    -verbose:[class|gc|jni]
                  启用详细输出
    -version      输出产品版本并退出
    -version:<值>
                  警告: 此功能已过时, 将在
                  未来发行版中删除。
                  需要指定的版本才能运行
    -showversion  输出产品版本并继续
    -jre-restrict-search | -no-jre-restrict-search
                  警告: 此功能已过时, 将在
                  未来发行版中删除。
                  在版本搜索中包括/排除用户专用 JRE
    -? -help      输出此帮助消息
    -X            输出非标准选项的帮助
    -ea[:<packagename>...|:<classname>]
    -enableassertions[:<packagename>...|:<classname>]
                  按指定的粒度启用断言
    -da[:<packagename>...|:<classname>]
    -disableassertions[:<packagename>...|:<classname>]
                  禁用具有指定粒度的断言
    -esa | -enablesystemassertions
                  启用系统断言
    -dsa | -disablesystemassertions
                  禁用系统断言
    -agentlib:<libname>[=<选项>]
                  加载本机代理库 <libname>, 例如 -agentlib:hprof
                  另请参阅 -agentlib:jdwp=help 和 -agentlib:hprof=help
    -agentpath:<pathname>[=<选项>]
                  按完整路径名加载本机代理库
    -javaagent:<jarpath>[=<选项>]
                  加载 Java 编程语言代理, 请参阅 java.lang.instrument
    -splash:<imagepath>
```

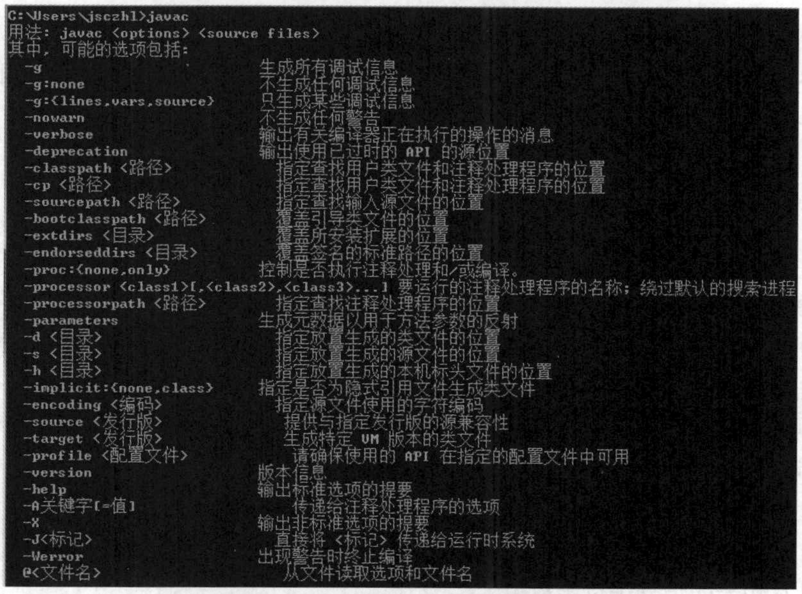

```
C:\Users\jsczhl>javac
用法: javac <options> <source files>
其中, 可能的选项包括:
    -g                         生成所有调试信息
    -g:none                    不生成任何调试信息
    -g:{lines,vars,source}     只生成某些调试信息
    -nowarn                    不生成任何警告
    -verbose                   输出有关编译器正在执行的操作的消息
    -deprecation               输出使用已过时的 API 的源位置
    -classpath <路径>          指定查找用户类文件和注释处理程序的位置
    -cp <路径>                 指定查找用户类文件和注释处理程序的位置
    -sourcepath <路径>         指定查找输入源文件的位置
    -bootclasspath <路径>      覆盖引导类文件的位置
    -extdirs <目录>            覆盖所安装扩展的位置
    -endorseddirs <目录>       覆盖签名的标准路径的位置
    -proc:{none,only}          控制是否执行注释处理和/或编译。
    -processor <class1>[,<class2>,<class3>...] 要运行的注释处理程序的名称; 绕过默认的搜索进程
    -processorpath <路径>      指定查找注释处理程序的位置
    -parameters                生成元数据以用于方法参数的反射
    -d <目录>                  指定放置生成的类文件的位置
    -s <目录>                  指定放置生成的源文件的位置
    -h <目录>                  指定放置生成的本机标头文件的位置
    -implicit:{none,class}     指定是否为隐式引用文件生成类文件
    -encoding <编码>           指定源文件使用的字符编码
    -source <发行版>           提供与指定发行版的源兼容性
    -target <发行版>           生成特定 VM 版本的类文件
    -profile <配置文件>        请确保使用的 API 在指定的配置文件中可用
    -version                   版本信息
    -help                      输出标准选项的提要
    -A关键字[=值]              传递给注释处理程序的选项
    -X                         输出非标准选项的提要
    -J<标记>                   直接将 <标记> 传递给运行时系统
    -Werror                    出现警告时终止编译
    @<文件名>                  从文件读取选项和文件名
```

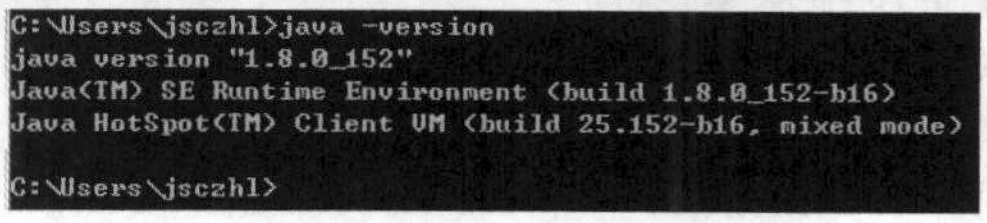

```
C:\Users\jsczhl>java -version
java version "1.8.0_152"
Java(TM) SE Runtime Environment (build 1.8.0_152-b16)
Java HotSpot(TM) Client VM (build 25.152-b16, mixed mode)

C:\Users\jsczhl>
```

图8-13　确认JDK环境变量配置成功

（4）下载配置ADT。

ADT-Bundle for Windows是由Google Android官方提供的集成式IDE，已经包含了Eclipse，开发者无须再去下载Eclipse，并且里面已集成了插件，它解决了大部分新手通过Eclipse来配置Android开发环境的复杂问题。有了ADT-Bundle，新涉足Android开发的开发者无须再像以前那样在网上参考烦琐的配置教程，可以轻松一步到位进行Android应用开发。

1）搜索adt-bundle-windows-x86_64-20140321并下载。

2）解压adt-bundle-windows-x86压缩包，路径是C:Javaadt-bundle-windows-x86，里面包含eclipse和sdk文件夹，还有一个SDK Manager。

3）新建文件，将"变量名"设为"ANDROID_HOME"，"变量值"设为"C:\Program Files (x86)\Java\adt-bundle-windows-x86-20140321\sdk"（即Android SDK的路径）。

4）按照类似于环境变量JAVA_HOME的设置方法，将"变量名"设为"Path"，在原变量值的最后面加上";%ANDROID_HOME%\platform-tools"。

任务二 风扇控制模块开发

任务描述

首先在ADT中导入任务必须的jar包，然后阅读风扇监听事件函数说明文档，根据任务需求补充完整风扇监听事件代码，最后阅读风扇转动动画事件函数说明文档，继而根据任务需求补充完整风扇转动动画事件代码。

任务实施

1. 导入jar包

1）双击打开adt-bundle-Windows-x86_64-20140321中eclipse文件夹下的eclipse.exe。

2）执行菜单命令"File"→"New"→"Android Application Project"，输入项目名称fan。

3）将项目需要的jar中的armeabi和lib.jar文件复制到fan项目中的lib文件夹中。

2. 风扇按钮点击监听代码设计

1）定义风扇按钮指令字符串数组。

风扇的打开和关闭指令字符串数组的值由相关风扇控制模块说明文档提供。

风扇1打开和关闭指令字符串数组：

private char[] fanOpenCommand = { 0xFF, 0xF5, 0x05, 0x02, 0x34, 0x12, 0x00, 0x01, 0x00 };

private char[] fanCloseCommand = { 0xFF, 0xF5, 0x05, 0x02, 0x34, 0x12, 0x00, 0x02, 0x00 };

风扇2打开和关闭指令字符串数组：

```
private char[] fan2OpenCommand = { 0xFF, 0xF5, 0x05, 0x02, 0x01,
0x00, 0x00, 0x01, 0x03 };
private char[] fan2CloseCommand = { 0xFF, 0xF5, 0x05, 0x02, 0x01,
0x00, 0x00, 0x02, 0x02 };
```

2）初始化UI绑定单机事件。

```
private void initView() {
    fan1 = (ImageView) findViewById(R. id. fan_1);
    fan1_anim = (AnimationDrawable) fan1. getDrawable();
    fan1. setOnClickListener(this);
    fan2 = (ImageView) findViewById(R. id. fan_2);
    fan2_anim = (AnimationDrawable) fan2. getDrawable();
    fan2. setOnClickListener(this);
}
```

这个过程包括初始化相关变量和监听事件。

3. 发送指令

```
private static void sendCMD(char[] cmd) {
    String strcmd = String. valueOf(cmd);
    Linuxc. sendMsgUartHex(ShareData. com_fdZigBee, strcmd, strcmd. length());
}
```

这个函数的作用是发送串口指令。

4. 打开串口

```
private void OpenZigBee() {
        if(ShareData. com_fdZigBee > 0)
        {
            SerialPort. closePort(ShareData. com_fdZigBee);
        }
        ShareData. com_fdZigBee = SerialPort. openPort(2, 0, 5);
        if(ShareData. com_fdZigBee > 0)
        {
            Toast. makeText(MainActivity. this, "串口打开成功",
Toast. LENGTH_SHORT). show();
        }
        else
        {
            Toast. makeText(MainActivity. this, "串口打开失败，请重启软件重试",
Toast. LENGTH_SHORT). show();
        }
}
```

根据ShareData. com_fdZigBee的值判断串口状态是否打开成功，同时设置波特率。

5. 风扇单击事件代码设计

```
public void onClick(View v) {
    switch (v. getId()) {
```

```
case R. id. fan_1:
    if(fan1_isOpen) {
        sendCMD(fanCloseCommand);
        fan1_isOpen=false;
        fan1_anim. stop ();
    } else {
        sendCMD(fanOpenCommand);
        fan1_isOpen=true;
        fan1_anim. start ();
    }
    break;
case R. id. fan_2:
    if(fan2_isOpen) {
        sendCMD(fan2CloseCommand);
        fan2_isOpen=false;
        fan2_anim. stop ();
    } else {
        sendCMD(fan2OpenCommand);
        fan2_isOpen=true;
        fan2_anim. start ();
    }
    break;
default:
    break;
}
}
```

用switch case函数判断控制的是风扇1还是风扇2，然后用if else函数控制每个风扇，如果风扇停止就打开风扇，如果风扇打开就关闭风扇。

知识补充

如何快速搭建Android开发环境ADT，可参考相关资料。

任务三　烟雾火焰报警模块开发

任务描述

首先在ADT中导入任务必须的jar包，然后阅读获取烟雾火焰信息事件函数说明文档，根据任务需求补充完整获取烟雾火焰信息事件代码，最后根据任务需求修改相应的控制界面布局，继而修改代码中的相应参数。

任务实施

1. 导入jar包

1）双击打开adt-bundle-Windows-x86_64-20140321中eclipse文件夹下的eclipse.exe。

2）执行菜单命令"File"→"New"→"Android Application Project"，输入项目名称remotefire。

3）将项目需要的jar中的gson-2.2.2.jar和fire_lib.jar文件复制到remotefire项目中的lib文件夹中。

2. 获取烟雾火焰信息代码设计

```
void getmdata()
    {
            new GetDataAsyncTask() {
            @Override
            public void getError(String arg0) {
                // TODO Auto-generated method stub
            }
            @Override
            public void getData(Environmental arg0) {
                // TODO Auto-generated method stub
                if(arg0!=null)
                {
                    if(arg0.smoke)
                    {
                        txtsmoke.setText("烟雾：有");
                    }
                    else
                    {
                        txtsmoke.setText("烟雾：否");
                    }
                    if(arg0.fire)
                    {
                        txtfire.setText("火焰：有");
                    }
                    else
                    {
                        txtfire.setText("火焰：否");
                    }
                }
                else
                {
```

```
                        Toast. makeText(MainActivity. this, "未能获取到数据",
    Toast. LENGTH_SHORT). show();
                    }
                }
            }. execute("http://192. 168. 1. 1:8600/CommunityService. ashx");//服
务器IP地址
            new Handler(). postDelayed(new Runnable() {

                @Override
                public void run() {
                    // TODO Auto-generated method stub
                    getmdata();
                }
            }, 2000);
        }
```

Environmental对象为获取到的服务器数据，若为fire则为火焰，若为smoke则为烟雾。

3. 控制界面布局代码设计

```
<LinearLayout
    android:layout_width="wrap_content"
    android:layout_height="wrap_content"
    android:layout_centerHorizontal="true"
    android:layout_marginTop="60dp"
    android:orientation="vertical">
    <TextView
        android:layout_width="wrap_content"
        android:layout_height="wrap_content"
        android:textColor="@android:color/white"
        android:id="@+id/txtfire"
        android:text="火焰: 否"/>
    <TextView
        android:layout_width="wrap_content"
        android:layout_height="wrap_content"
        android:textColor="@android:color/white"
        android:id="@+id/txtsmoke"
        android:text="烟雾: 否"/>
</LinearLayout>
```

通过反复尝试调整火焰烟雾信息显示的位置，确保火焰和烟雾显示在背景图小黑板上的颜色为红色，字体为10sp。

知识补充

Eclipse下导入外部jar包常见的有3种方式，可上网查阅相关资料。

项目评价表见表8-1。

表8-1　项目评价表

任　务	要　求	权　重	评　价
JDK安装配置	正确配置JDK安装和环境变量	25%	
ADT安装配置	正确配置ADT安装和环境变量	25%	
jar包的导入	掌握jar包的导入方法	10%	
事件代码和函数调用	掌握事件代码的补充与函数调用	40%	

　　通过本项目的实施，熟练掌握JDK安装和环境变量的配置、ADT安装和环境变量的配置、jar包的导入方法、事件代码的补充与函数调用方法，这些是完成一个完整的Android项目必不可少的步骤，而且不能出错，否则在项目开发过程中会报错。

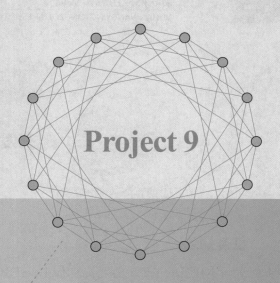

Project 9

项目九

ZigBee开发

项目概述

　　通过前面8个项目的学习，小童学会了智慧社区的功能设计、设备的布局安装、布线接线调试、客户端软件的安装应用等知识。在设备安装的布线接线环节，有些设备的安装场所不方便布线，所以采用了ZigBee无线模块控制设备。小童对ZigBee技术非常感兴趣，想学习ZigBee模块的编程应用。本项目学习ZigBee无线模块编程应用开发，包括编程软件的安装、使用，下载软件的安装，C语言编程。

学习目标

1）通过本项目的学习，学会ZigBee开发的准备内容、编程软件的安装使用、下载软件的安装使用、开发板程序下载调试；

2）通过两个编程任务的实施，学会C语言的基本语法、语句、程序结构，能编写简单的程序。

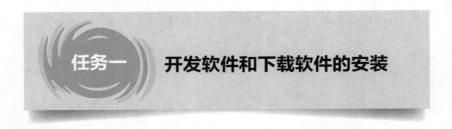

任务一　　开发软件和下载软件的安装

任务描述

本任务的主要内容是安装ZigBee无线模块的开发软件和下载软件。第一部分是安装开发软件IAR for 8051软件，第二部分是安装下载软件SmartRF Flash Programmer软件。

任务实施

1. 安装开发IAR for 8051软件

1）双击图标 EW8051-EV-Web-8101 运行程序，弹出如图9-1所示的界面。

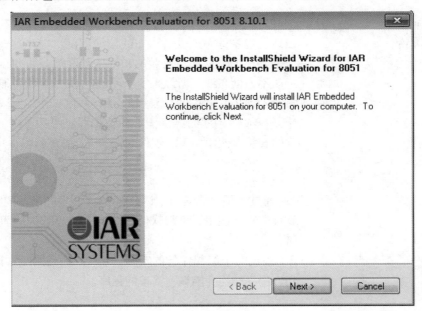

图9-1　开始安装IAR软件

2）根据提示单击Next按钮，直到弹出"Enter User Information"界面，按要求输入License，如图9-2所示。

2. 安装下载软件SmartRF Flash Programmer软件

1）通过网络下载SmartRF Flash Programmer安装软件。

2）下载完成后，双击安装包，弹出安装向导页面，如图9-3所示，单击"Next"按钮执行下一步操作。

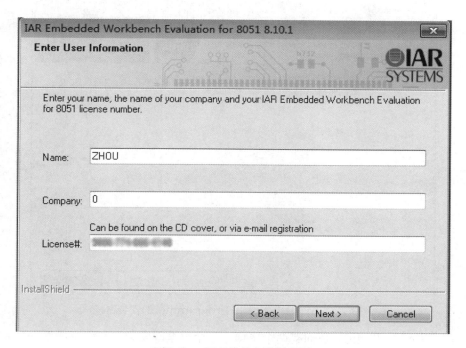

图9-2　IAR软件安装过程图

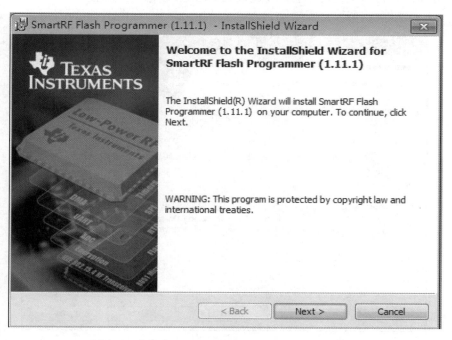

图9-3　打开SmartRF Flash Programmer软件

3）接下来是设置安装路径，选择默认安装即可，单击"Next"按钮进入下一步操作，如图9-4所示。

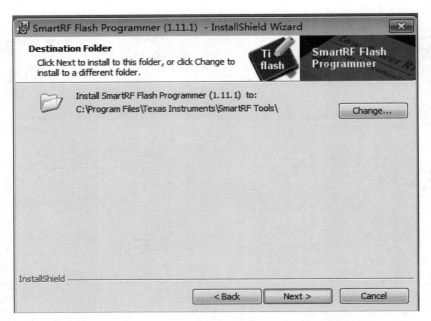

图9-4　SmartRF Flash Programmer的安装路径

4）在"Setup Type"页面有两个选项，一个是全部安装，一个是典型安装，全部安装为默认选项，且其功能比较齐全，在这里我们用默认的安装方式就行，单击"Next"按钮继续。

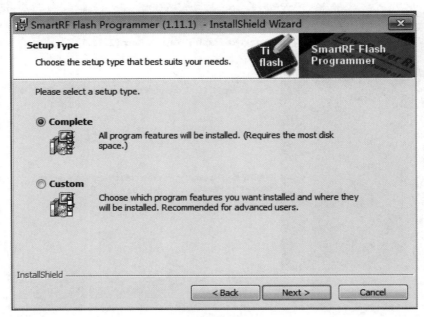

图9-5　选择安装方式

5）完成上面的步骤后，单击"Install"按钮开始安装SmartRF Flash Programmer软件，如图9-6所示。

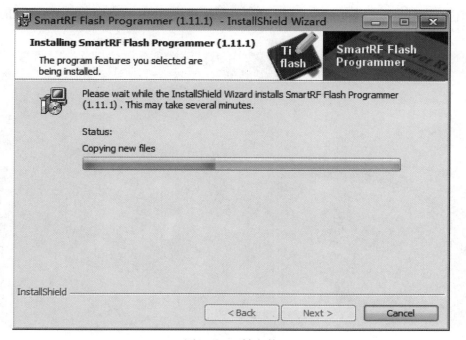

图9-6 开始安装

6）安装完成后，如果需要在桌面创建快捷方式，则在图9-7所示页面中，勾选"Place shortcut on the desktop"选项，否则不会创建快捷方式的。最后单击"Finish"按钮结束安装，到此整个安装过程就结束了。

图9-7 SmartRF Flash Programmer软件过程图

3. ZigBee无线模块与计算机连接

ZigBee无线模块通过CC Debugger设备连接到计算机。CC Debugger设备使用USB数据线与计算机相连，CC Debugger设备通过10线的排线与目标设备CC2530开发板的调试接口相连，如图9-8所示。

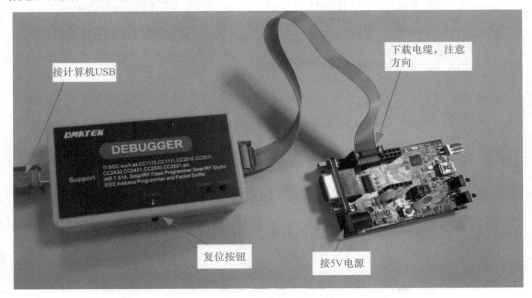

图9-8　实物连接图

知识补充

1. ZigBee技术的概述

ZigBee技术是一种近距离、低复杂度、低功耗、低速率、低成本的双向无线通信技术。主要用于距离短、功耗低且传输速率不高的各种电子设备之间进行数据传输，以及典型的有周期性数据、间歇性数据和低反应时间数据传输的应用。

2. ZigBee技术的特点

ZigBee是一种无线连接，可工作在2.4GHz（全球流行）、868MHz（欧洲流行）和915MHz（美国流行）3个频段上，分别具有最高250kbit/s、20kbit/s和40kbit/s的传输速率，它的传输距离在10~75m的范围内，但可以继续增加。作为一种无线通信技术，ZigBee具有如下特点：

1）低功耗：由于ZigBee的传输速率低，发射功率仅为1mW，而且采用了休眠模式，功耗低，因此ZigBee设备非常省电。据估算，ZigBee设备仅靠两节5号电池就可以维持长达6个月到2年左右的使用时间，这是其他无线设备望尘莫及的。

2）成本低：ZigBee模块的初始成本在6美元左右，估计很快就能降到1.5~2.5美元，并且ZigBee协议是免专利费的。低成本对于ZigBee也是一个关键的因素。

3）时延短：通信时延和从休眠状态激活的时延都非常短，典型的搜索设备时延30ms，休眠激活的时延是15ms，活动设备信道接入的时延为15ms。因此ZigBee技术适用于对时延要求苛刻的无线控制（如工业控制场合等）应用。

4）网络容量大：一个星型结构的ZigBee网络最多可以容纳254个从设备和一个主设备，一个区域内可以同时存在最多100个ZigBee网络，而且网络组成灵活。

5）可靠：采取了碰撞避免策略，同时为需要固定带宽的通信业务预留了专用时隙，避开了发送数据的竞争和冲突。MAC层采用了完全确认的数据传输模式，每个发送的数据包都必须等待接收方的确认信息。如果传输过程中出现问题，可以进行重发。

6）安全：ZigBee提供了基于循环冗余校验（CRC）的数据包完整性检查功能，支持鉴权和认证，采用了AES-128的加密算法，各个应用可以灵活确定其安全属性。

3. ZigBee技术的应用

ZigBee模块是一种物联网无线数据终端，利用ZigBee网络为用户提供无线数据传输功能。该产品采用高性能的工业级ZigBee方案，提供SMT与DIP接口，可直接连接TTL接口设备，实现数据透明传输功能；低功耗设计，最低功耗小于1mA；提供6路I/O，可实现数字量输入输出、脉冲输出；其中有3路I/O还可实现模拟量采集、脉冲计数等功能。

该产品已广泛应用于物联网产业链中的M2M行业，如智能电网、智能交通、智能家居、金融、移动POS终端、供应链自动化、工业自动化、智能建筑、消防、公共安全、环境保护、气象、数字化医疗、遥感勘测、农业、林业、水务、煤矿、石化等领域。

4. 认识单片机

单片机是一种集成电路芯片，是采用超大规模集成电路技术把具有数据处理能力的中央处理器CPU、随机存储器RAM、只读存储器ROM、多种I/O接口和中断系统、定时器/计数器等功能（可能还包括显示驱动电路、脉宽调制电路、模拟多路转换器、A/D转换器等电路）集成到一块硅片上构成的一个小而完善的微型计算机系统。单片机的内部结构主要有中央处理器MCU、存储器、可编程I/O接口组成，并集成中断系统、定时/计数器、串行口功能模块。随着单片机技术的发展，单片机内部不断地集成新的各种功能模块，如A/D转换模块、SPI和IIC通信模块、CCP捕捉比较脉宽调制模块、无线发射接收模块等。单片机的特点是性价比高、集成度高、体积小、可靠性高、控制功能强、电压低、功耗低。单片机的使用领域十分广泛，涵盖了智能仪表、实时工控、通信设备、导航系统、家用电器等。

CC2530单片机是用于IEEE 802.15.4、ZigBee和RF4CE应用的一个真正的片上系统（SoC）解决方案。它能够以非常低的总材料成本建立强大的网络节点。CC2530结合了领先的RF收发器的优良性能，业界标准的增强型8051 CPU，系统内可编程闪存，8-KB RAM和许多其他强大的功能。CC2530有4种不同的闪存版本：CC2530F32/64/128/256，分别具有32/64/128/256KB的闪存。CC2530具有不同的运行模式，尤其适应超低功耗要求的系统，运行模式之间的转换时间非常短，进一步确保了低能源消耗。

能力拓展

本任务是安装CC2530单片机编程开发的软件和下载程序软件，安装过程要严格按照任务实施步骤，切记不要遗漏某一步骤，否则安装的软件不可用。安装这两个软件是为CC2530单片机编程开发做准备的，后文的任务实施将在这两个软件上进行。ZigBee无线模块通过仿真编程器CC Debugger连接到计算机，为下面的任务实施做好硬件准备。

本任务对单片机技术做了概要介绍，要想熟练掌握ZigBee技术中的CC2530单片机编程设计，建议找一本CC2530单片机相关的教材或者查阅网络资料进行学习。

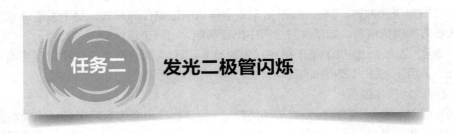

任务二　发光二极管闪烁

任务描述

本任务是通过编程实现ZigBee无线模块的LED发光二极管闪烁。在IAR for 8051软件上建立项目工程，建立源程序文件，编写C语言程序，编译生成HEX格式文件，通过SmartRF Flash Programmer软件下载HEX文件到ZigBee模块上现实LED发光二极管闪烁功能。

任务实施

1. 使用IAR for 8051 V8.10创建一个CC2530工程和编写源程序

1）运行IAR Embedded Workbench，执行菜单命令"Project"→"Create New Project"，出现如图9-9所示的对话框。选择"Empty project"，单击"OK"按钮，然后会询问是否保存Project，选择一个合适的目录，然后填入合适的工程名，然后单击"OK"按钮。

2）在左边的"Workspace"中右击保存的工程Project，选择"Options"选项，如图9-10所示。

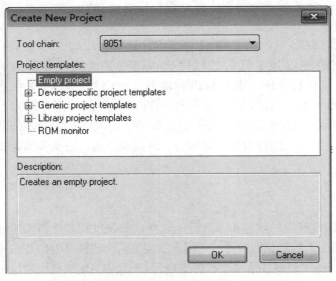

图9-9　创建Project工程1

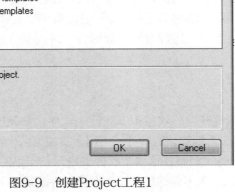

图9-10　创建Project工程2

3）在出现的对话框中选择合适的器件。第一件事情就是选择该Project所使用的Device，单击"…"按钮选择Device。选择图9-11中CC2530F256.i51，该文件位于IAR

安装目录下。选择完后回到Device information中会出现设备列表，如图9-12所示。

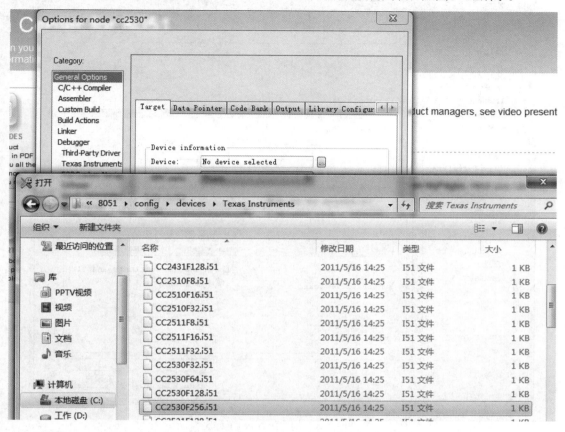

图9-11　创建Project工程3

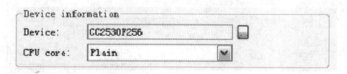

图9-12　创建Project工程4

4）选择Code和Memory Model。在code类型中有Near和Banked两项可选择"Near"当不需要Bank支持时可以选择Near，例如，只需要访问64K flash空间的时候不需要更多的flash空间，比如，使用的是CC2530F32或CC2530F64，或者使用的是CC2530F256但并不需要那么大的flash空间时，可以选择"Near"，单击"OK"按钮，如图9-13所示。

5）创建源程序文件。选择"File"→"New"→"File"命令，打开源程序编程窗口，如图9-14所示。接着保存源程序文件到工程的同一个目录下。

6）添加源程序文件到工程中。选中工程右击出现快捷菜单，如图9-15所示，选中"Add"命令单添加刚才创建的源程序文件。添加完成，在工程窗口出现源程序文件，如图9-16所示。接下来可以在源程序窗口编写程序。

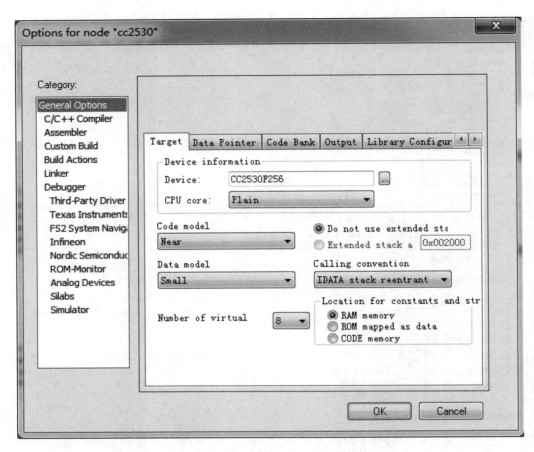

图9-13　创建Project工程5

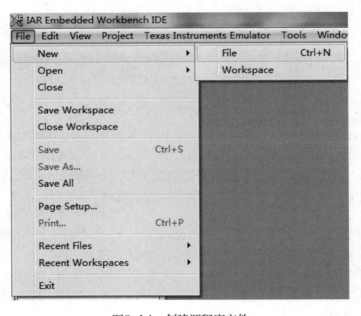

图9-14　创建源程序文件

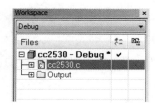

图9-15 添加源程序文件到工程1　　　　图9-16 添加源程序文件到工程2

7）输入C语言程序代码，如下：

```c
#include "ioCC2530.h"
/***********延时函数****************/
void delay(unsigned int time)
{
unsigned int i;
unsigned char j;
for(i=time;i>0;i--)
    for(j=240;j>0;j--);
}
/***********主函数****************/
 void main(void)
{
P1SEL&=~0xff;//设置P1口所有位为普通I/O口
P1DIR|=0xff;//设置P1口所有位为输出口
    while(1)//程序主循环
    {
    P1=~P1;//输出状态反转
    delay(1000);//延时
    }
}
```

小贴士

　　程序中使用了CC2530单片机的三个寄存器，分别是P1SEL寄存器、P1DIR寄存器、P1端口寄存器；P1SEL寄存器设定P1端口的功能，P1DIR寄存器设定P1端口的状态，置1时设定P1为输出口，清零时设定为输入口；P1端口寄存器是直连端口引脚的，当1写到P1端口寄存器，P1引脚上就输出高电平1信号。

　　8）编译程序。编程完成，选择菜单命令"Project"→"Rebuild All"，如图9-17所示。如果程序语法有错误，输出窗口提示错误，则修改程序中的语法错误，直到输出窗口中不出现错误提示为止。

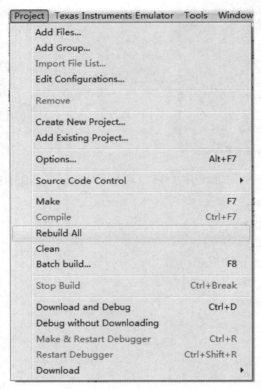

图9-17　编译程序

知识补充

1．C语言定义

　　C语言是一门通用计算机编程语言，应用广泛。C语言的设计目标是提供一种能以简易的方式编译、处理低级存储器、产生少量的机器码以及不需要任何运行环境支持便能运行的编程语言。

2．C语言基本构成要素

（1）数据类型

　　C语言的数据类型包括：整型、字符型、实型或浮点型（单精度和双精度）、枚举类型、数组类型、结构体类型、共用体类型、指针类型和空类型。

（2）常量与变量

常量其值不可改变，符号常量名通常用大写。变量是以某标识符为名字，其值可以改变的量。标识符是以字母或下画线开头的一串由字母、数字或下画线构成的序列，请注意第一个字符必须为字母或下画线，否则为不合法的变量名。变量在编译时为其分配相应存储单元。

（3）数组

如果一个变量名后面跟着一个有数字的中括号，这个声明就是数组声明。字符串也是一种数组，它们以ASCII的NULL作为数组的结束。要特别注意的是，方括号内的索引值是从0算起的。

（4）指针

如果一个变量声明时在前面使用*号，表明这是个指针型变量。换句话说，该变量存储一个地址，而*（此处特指单目运算符*，下同。C语言中另有双目运算符*）则是取内容操作符，意思是取这个内存地址里存储的内容。指针是C语言区别于其他同时代高级语言的主要特征之一。

指针不仅可以是变量的地址，还可以是数组、数组元素、函数的地址。通过指针作为形式参数可以在函数的调用过程得到一个以上的返回值，不同于return（z）这样的仅能得到一个返回值。

指针是一把"双刃剑"，许多操作可以通过指针自然地表达，但是不正确的或者过分的使用指针又会给程序带来大量潜在的错误。

（5）运算

C语言的运算非常灵活，功能十分丰富，运算种类远多于其他程序设计语言。在表达式方面较其他程序语言更为简洁，如自加、自减、逗号运算和三目运算使表达式更为简单，但初学者往往会觉得这种表达式难读，关键原因就是对运算符和运算顺序理解得不透不全。当多种不同运算组成一个运算表达式，即一个运算式中出现多种运算符时，运算的优先顺序和结合规则显得十分重要。在学习中，对此合理进行分类，找出它们与数学中所学到运算之间的不同点之后，记住这些运算也就不困难了。有些运算符在理解后应会牢记心中，将来用起来得心应手，而有些可暂时放弃不记，等到用时再记不迟。

运算符按优先级分类可分为15种优先级，从高到低，优先级为1~15，除第2、13级和第14级为从右至左结合外，其他都是从左至右结合，它决定同级运算符的运算顺序。

（6）程序结构

1）顺序结构。顺序结构的程序设计是最简单的，只要按照解决问题的顺序写出相应的语句就行，它的执行顺序是自上而下、依次执行。

2）选择结构。顺序结构的程序虽然能解决计算、输出等问题，但不能做判断再选择。对于要先做判断再选择的问题就要使用选择结构。选择结构的执行是依据一定的条件选择执行路径，而不是严格按照语句出现的物理顺序。选择结构的程序设计方法的关键在于构造合适的分支条件和分析程序流程，根据不同的程序流程选择适当的选择语句。选择结构适合于带有逻辑或关系比较等条件判断的计算，设计这类程序时往往都要先绘制其程序流程图，然后根据程序流程写出源程序，这样把程序设计分析与语言分开，使得问题简单化，易于理解。程序流程图是根据解题分析所绘制的程序执行流程图。

3）循环结构。循环结构可以减少源程序重复书写的工作量，用来描述重复执行某段算法的问题，这是程序设计中最能发挥计算机特长的程序结构，C语言中提供4种循环，即goto循环、while循环、do while循环和for循环。4种循环可以用来处理同一问题，一般情况下它们可以互相代替，但一般不提倡用goto循环，因为强制改变程序的顺序经常会给程序的运行带来不可预料的错误。

3. 下载程序到ZigBee无线模块

1）启动SmartRF Flash Programmer软件，选中"System-on-Chip"选项。

2）按CC Debugger的复位键，此时CC Debugger的指示灯应为绿色，PC端的SmartRF Flash Programmer软件界面如图9-18所示。

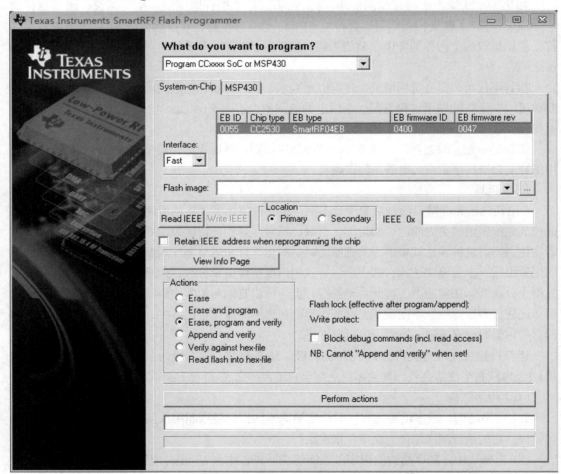

图9-18　烧写程序过程图

此时表明CC Debugger已检测到CC2530单片机了，可以开始下载程序了。

3）在Flash栏内浏览选中想要写入的HEX文件，在"Action"栏里选择"Erase,

ProgramandVerify"，然后按<Enter>键即可开始下载程序到CC2530里了，如图9-19所示。

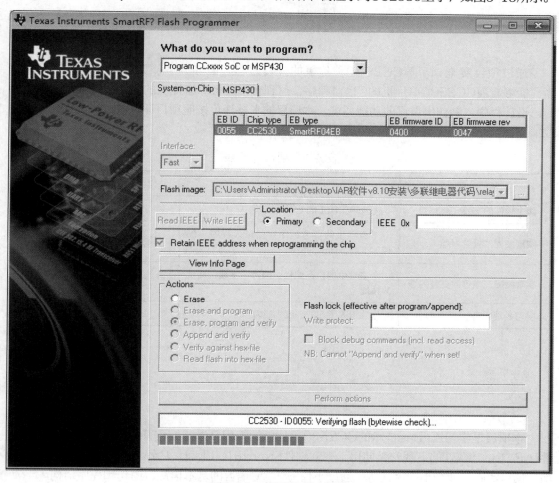

图9-19　烧写程序过程图

4．调试

下载程序如果没有实现预先的功能，则说明程序有问题，结合上面的程序修改程序，重新编译、下载再观察结果，直到实现功能。

能力拓展

本任务是CC2530单片机编程开发的操作流程。包括建立工程项目、源程序文件、编写C程序、编译程序、下载到单片机、调试。本任务重点是C语言的编程设计和CC2530单片机知识，实现功能必须对掌握CC2530单片机及外围硬件知识和C语言的编程设计知识。一个C程序由一个主函数和若干普通函数组成。一个函数内有若干语句组成。

1）任务二实施结果看到了两个LED发光二极管不停地闪烁，大家探讨一下，怎么控制LED发光二极管闪烁的快慢，修改程序并编译下载到ZigBee板子上观察调试。

2）认真研究学习任务二的程序，编写程序实现两个发光二极管交替闪烁。

通过项目实施，了解CC2530单片机的开发过程，能够编写CC2530单片机的简单程序，能够看懂CC2530单片机的C语言程序，达到看懂设备厂家提供的程序，修改程序，甚至自己设计程序，制作出自己的功能要求。本项目的考核评价按照项目评价表考核学生任务的完成情况和学习情况。项目评价表见表9-1。

表9-1　项目评价表

任　务	要　求	权　重	评　价
两个软件的安装	考查学生能正确无误的安装	20%	
实现发光二极管闪烁	考查学生的参考程序自己录入程序，编译、下载、调试的技能	30%	
实现发光二极管的交替闪烁	考查学生的自己编程，编译、下载、调试的技能	30%	
学习表现	学生投入学习的态度和能力	20%	

本项目是学习ZigBee技术的CC2530单片机的编程开发。编程开发环境的搭建，编程软件IAR for 8051的下载安装使用，下载软件SmartRF Flash Programmer的下载安装使用。项目实施了两个小程序任务，通过小任务学会C语言的基本语法、语句和程序结构。

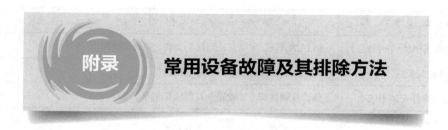

附录　常用设备故障及其排除方法

1. 硬件设备故障及排除方法（见表A-1）

表　A-1

故障现象	排除方法
网络摄像头连接失败	1. 检查驱动程序是否安装 2. 网络地址是否在同一网络段 3. 端口是否设置为80
串口服务器无法连接	1. 驱动程序是否安装 2. 检查网络是否正常，在命令行系统cmd中，使用ping是否能连接服务 3. 如果无法ping通，检查网络地址配置是否正常，网络地址是否在同一网段 4. 网关是否设置正确 5. 是否关闭防火墙
小票打印机无法打印	USB端口选择错误，应该选择USB 0端口
红外对射传感器出现无反应或不灵敏现象	1. 若无反应：由于红外对射传感器的发射功率较大，可将发射器和接收器距离拉开至少1m后再试 2. 若不灵敏：由于安装距离太近，可把发射器和接收器中的聚光透镜除下，即可提高灵敏度
扫码枪无法扫描数据	1. 检查线路是否裂开 2. 检查是否有射出红外光，有的话检查驱动是否正常，可尝试重启计算机。没有则继续检查硬件部分

2. 应用平台可能遇到的故障及排除方法（见表A-2）

表　A-2

故障现象	排除方法
数据库无法连接	1. 配置SQL Server数据库验证方式，选择默认Windows身份验证模式，选择混合模式，设置用户名密码 2. SQL Server服务未开启，则将SQL Server服务中的SQL Full-text Filter Daemon Launcher（MMSQLSERVER）、SQL Server（MMSQLSERVER）、SQL Server Browser、SQL Server代理（MMSQLSERVER）服务开启
智慧社区网页显示无法打开	1. Web.config中相应信息未修改，例如，展示端IP需要修改为实际连接的展示端IP 2. 服务端的IP是实际服务端的IP地址 3. 服务端数据库的用户、密码填写连接的数据库的用户名和密码
物业端无法登录	数据库中事先添加的用户名：test，密码：123

（续）

故 障 现 象	排 除 方 法
PDA商超的应用程序无法运行	PDA的.NET环境安装配置不正确，重新安装配置
RFID使用没有反应	RFID的工作模式设置成"应答模式"
豌豆荚同步软件安装不成功	移动互联终端（实验箱）开启USB调试功能
编译运行Android时，程序显示"javac不是内部命令"	JDK环境变量配置错误，重新配置jdk环境变量
编译运行Android时，显示"没有依赖的jar包"	jar包导入错误，重新正确导入jar包

3．.NET开发可能遇到的故障及排除方法（见表A-3）

表 A-3

故 障 现 象	排 除 方 法
找不到类型或命名空间名称"Common"（是否缺少using指令或程序集引用？）	加载ICS.Common.dlls文件
找不到类型或命名空间名称"Acquisition"（是否缺少using指令或程序集引用？）	加载ICS.Acquisition.dlls文件
找不到类型或命名空间名称"Models"（是否缺少using指令或程序集引用？）	加载ICS.Models.dlls文件
出现图A-1所示的无效界面	xaml中每个标签有开始标签<Grid>也有结尾标签</Grid>，不能少了一个结尾</Grid>

图 A-1

4．ZigBee模块常见故障分析实例简介

1）电源指示灯不亮。

请检查连接电缆是否正确连接，同时检查供电电源是否符合要求，供电电源是否符合标准，否则有可能损坏ZigBee。

2）在进行ZigBee配置时，无法进入其配置状态。

要进入ZigBee的参数配置状态，必须在参数配置程序的"状态"中选择"进入配置状

态",然后在参数配置软件的右边的信息框中会提示"成功进入配置状态"。另外要注意检查ZigBee的波特率是否正确(CM 510的波特率为38 400bit/s),检查串口线是否正常。

如果在修改波特率时可采用串口调试工具来通过AT指令来设置参数,则波特率必须设置为38 400bit/s,即使在后面的设置中改变了ZigBee与PC的通信波特率,要进入配置程序,串口调试工具的波特率仍然应该设置为38 400bit/s,8位数据位,1位停止位,无校验的方式,且串口调试工具的流控方式必须设为无流控。必须在给ZigBee上电前按住<S>键不放,或者给ZigBee上电后立即连续按<S>键直到出现配置菜单界面。

3)终端节点(E)或者路由器节点(R)的通信指示灯不亮

请检查该节点设备是否配置成协调器节点(C),一个ZigBee网络中有且只有一个协调器节点(C)。请检查终端节点(E)或者路由器节点(R)的网络ID是否与协调器节点(C)一致。

4)无法接收数据

请检查发送方发送的数据格式是否与工作模式所规定的数据格式一致。工作模式所规定的数据格式可参见相关资料。在CAIMORE(CAIMORE模式)和ONLYADDR(地址模式)下,请确保数据是否以十六进制发送。在CAIMORE(CAIMORE模式)和ONLYADDR(地址模式)下,请确保数据包里的地址与实际的地址字节序相反。

5. 智能化小区常见问题及解决办法

1)室外布线端接处无防水防晒措施,解决办法:

① 能在室内端接线路的地方尽量在室内端接,总线系统中可采用手拉手式布线;

② 室外端接的部分可以采用密封处理,以延缓老化,此方法的缺点是在系统维修及线路检修时不方便,如果需拆解线路的须重新密封处理;

③ 可增加室外配线箱,所有在室外端接的线路均进入配线箱端接,此方法不但解决了室外端接防水防晒问题,而且检修方便。

2)对讲主机安装高度不适合,解决办法:

① 可以把门口机安装在单元门上,这样就不会使主机暴露在雨棚之外了;

② 如主机必须安装在墙体上的,可增加雨棚大小或者对主机增加防护装置。

3)闭路监控系统中线路与强电路同一管路,解决办法:

① 使用屏蔽效果较好甚至双屏蔽线缆;

② 即使在同一管路中也可能有多根线管,不要与强电路在同一个线管中布线;

③ 特别是电梯中的布线,因为电梯是强动力电,影响更大,一定要争取与强电路的距离大一些;

④ 增加防干扰设备。

4)闭路监控系统中暴露住户隐私,解决办法:

① 安装在合适的位置,小区的摄像机应主要安装在广场及交通干道等公共场所;

② 摄像机应避免朝向住宅等方向。

5)不良的巡更线路会使巡逻人员费心分心,解决办法:

① 巡更线路应以S形线路设计安装,争取没有死角;

② 巡更点应安装在巡逻人员易达到的地方,一般为路边、单元门口前等位置。

项目一
项目二
项目三
项目四
项目五
项目六
项目七
项目八
项目九
附录